図解でよくわかる 農業と節税のきほん

今より確実に
手取りを増やす

青木寿幸［著］

誠文堂新光社

目次

第1章 農業法人を設立することで何ができるのか

第4章

消費税とインボイス制度を理解することで何ができるのか

農業で消費税の支払い損をしないための基礎知識

はじめに

農業経営において、肥料や農薬の仕入代金、水道光熱費の使用料などのコストをできるだけ削減しようと努力している人たちは多くいる。

一方で、個人事業主の所得税、農業法人の法人税、さらには消費税の削減はまるで行っていない人たちを見受ける。

また、相続税についても生前に何の対策も行わなかったことから、農業の後継者である子供が多額の税金の支払いという借金を背負ってしまった事例もある。

税金はコストや借金と同じであり、できるだけ削減するように努力すべきだし、実際に削減できる。特に、税金の特例は、自らが申告しない限り適用できないものばかりなので、知らないと損をしてしまうのだ。

本書では、所得税、法人税、相続税から、令和5年10月より導入されるインボイス制度が適用される消費税まで、削減できる方法を網羅的に解説している。特に、農業経営だけに適用される特例もあり、1つでも多くの削減方法を知ってほしい。税金が削減できれば、農業経営の資金繰りは改善し、売上を伸ばすための投資に回すこともできる。それにより、利益が増えれば、税金の削減方法の知識がより役に立つだろう。

本書が、皆様の将来の農業経営の糧になることを願う。

青木 寿幸

第1章

農業法人を設立することで何ができるのか

株式会社、合同会社、農事組合法人、どれを選択すべきか知っているか？

農地所有適格法人は、農地法により、株式会社、持分会社、農事組合法人の3つから法人組織を選択すると定められている。持分会社とは、合名会社、合資会社、合同会社の総称で、実際には5つから選択する。

株式会社とは、会社法で定められた営利目的の法人である。株主の地位は原則1株につき1議決権の株式を所有することで表され、株主総会では多数決で決議される。株主は出資した金額までしか責任を負わず有限責任となり、経営は取締役に委任される。取締役を監視する監査役を設置することもできる。

このように、**株式会社は出資者と経営を分離させて、経営はそのプロにお願いすることで、法人の利益を最大限にできる。**ところが、農業法人の場合には、「株主＝取締役」としていることがほとんどで、出資者と経営が分離されているとは言い難い。しかも、取締役は銀行からの借入金の連帯保証人となることが一般的で、有限責任とも言い難い。また、株主が取締役や財務内容をチェックできるように、会社法で取締役は最大10年間の任期とされ、決算公告も毎事業年度に行うことを義務付けている。そのため、取締役の登記や決算公告の費用を法人が負担する必要がある。**それでも、多くの人からお金を集めて事業拡大する意欲があれば、株式会社をおすすめする。**会社法で取締役会や監査役会が整備され、組織が大きくなっても対応可能だからだ。

持分会社も、会社法によって定められている営利を目的とした法人である。株式会社の株主に当たる地位を社員と呼び、出資割合に関係なく、1人につき1議決権とされる。社員総会では多数決で決議し、社員が業務執行社員として運営。代表は業務執行社員のなかから選出できる。

このように、持分会社は出資者と経営が一体化されている。

［農業法人の種類］

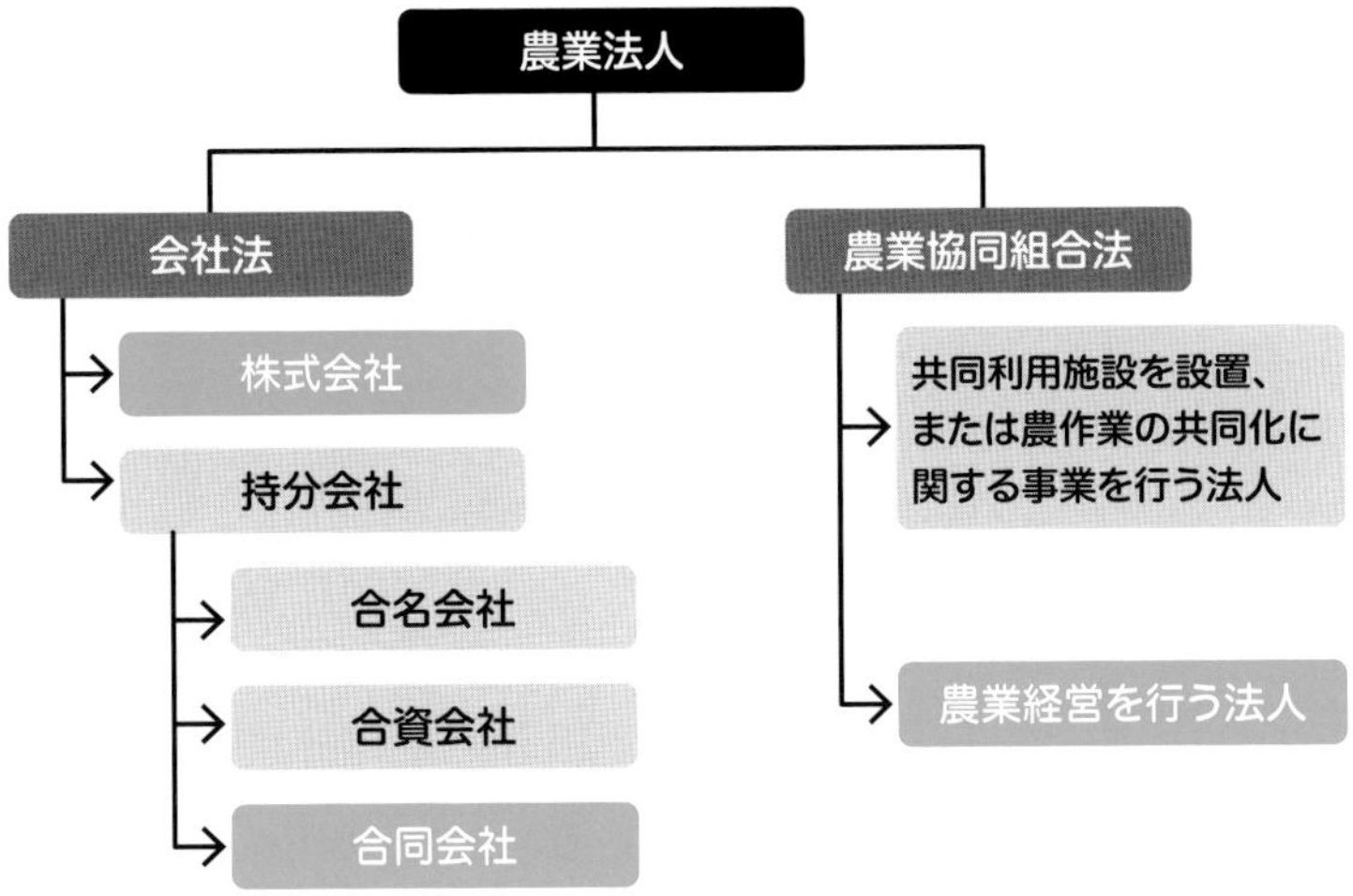

つまり、出資した社員が業務執行社員となるため、経営をチェックする必要はない。業務執行社員の任期の制限もなく、決算公告の義務もない。そもそも持分会社は定款の認証も必要ないため、設立時の費用も安い。株式会社に比べて費用負担が少ないことがメリットであり、**家族的経営を目的にした法人形態と言えるのだ。**ただし原則として、社員が必ず業務に従事する必要があり、農業に従事しない者は出資できないデメリットもある。広く出資者を募っての資金調達はできないのだ。

この点からも、持分会社は小規模な農業法人に適している。事業が拡大したら、株式会社に組織変更することも可能だ。持分会社には、合名会社、合資会社、合同会社の3種類があり、特徴は次のとおりとなる。

合名会社は、社員が出資した金額までの責任ではなく、法人の債務まで無限、かつ連帯で負う無限責任社員のみから構成される。

合資会社は、無限責任社員と有限責任社員の両方によって構成される。ここでの無限責任社員は、合名会社の無限責任社員と同様の責任を負う。

合同会社は、株式会社と同様に社員が出資した金額までしか責任を負わず、有限責任社員のみで構成される。合同会社も持分会社の一形態なので、社員が業務執行社員となり、家族的経営を前提としているにも関わらず特別なのだ。**農業法人として持分会社を選択するならば、すべての社員が有限責任となっている合同会社がおすすめだ。**

最後の法人形態として、株式会社とも持分会社とも違う農事組合法人がある。農業協同組合法によって定められた法人であり、3人以上の農家が組合員となって設立する。事業の目的は次の2つに限定されている。

1つ目は、農業に係る共同利用施設を設置、または農作業の共同化に関する事業を行うこと(当該施設を利用して行う組合員の生産する物資の運搬、加工または貯蔵の事業を含む)。ただし農業経営は行わないので、農地所有適格法人にはなれない。

2つ目が、農業経営を目的とするもの(その行う農業に関連する事業であって農畜産物を原料または材料として使用する製造または加工その他農林水産省令で定めるもの及び農業と併せて行う林業の経営を含む)である。農地所有適格法人としたいなら、こちらを選択したい。

農事組合法人の組合員は、1人が1議決権を持ち、多数決により決議される。組合員は出資した金額までしか責任を負わず、有限責任となる。組合員のうち最低1人が理事に就任し、任期は最大3年間となる。

農事組合法人は、組合員に給料を支払い、法人税を支払ったあとの税引後利益を配当し、株式会社と同様に運営できる。また、組合員が従事した程度に応じて配当を分配する運営(従事分量配当等)もできる。従事分量配当等なら組合員が働いた分だけ剰余金の範囲から配当をもらうため、経営は赤字にならない。**集落ぐるみで農業法人を設立するなら、農事組合法人で従事分量配当等を選択するのがおすすめだ。**分配した配当は経費として計上できるからだ。株式会社や持分会社では法人税を支払ったあとの税引後利益からしか配当できないが、農事組合法人は課税の特典があるのだ。

農事組合法人も、あとから株式会社に組織変更することができる。逆に、株式会社は農事組合法人に組織変更することはできない。

農業法人　設立

農地所有適格法人となるための要件を知っておく

法人が農業を行うとき、農地を借りるか所有するかを選択しなければ、どのような法人を設立し、役員や株主の構成をどのようにすべきかが判断できない。

まず、農地を借りて農業を行う場合には、次の2つの要件を満たせば、どのような法人形態であってもよいとされている。

❶賃貸借契約の要件

農地を適切に利用しない場合には契約を解除するという内容を契約書に入れておく必要がある。

❷役員の要件

役員または重要な従業員の1人以上が、法人が行う農業に必要な農作業に従事（原則1年間で60日以上）しなければならない。ただし、農作業に限らず、農業のマーケティングや企画など経営管理に関するものであっても問題ない。

このように、法人が農地を借りるだけであれば、要件は簡単に満たせると考えてよい。

次に、法人で農地を所有して農業を行う場合には、農地所有適格法人を設立する必要がある。この農地所有適格法人とは、農地法第2条第3項で定義されている「農地を所有することができる法人」のことである。

ただし、農地所有適格法人という種類の法人があるわけではなく、次の4つの要件のすべてを満たすものを指す。

❶法人形態の要件

農事組合法人、株式会社（公開会社は除く）、持分会社（合名会社、合資会社、合同会社の総称）であること。株式会社は、発行する全部の株式について、その一部でも売買によって取得するときに、株式会社の承認を要する旨の定款の定め（株式譲渡制限）を設けている場合に限り認められる。これを非公開会社と呼ぶ。

例えば、従業員ならば承認を得ずに取得できるなど、一部だけ制限を外した場合でも、要件を満たせないことになる。

❷事業の要件

法人の売上高の50％超が農業（関連事業も含む）からのものであること。関連事業とは、次のものを指す。

①農畜産物の製造、加工、貯蔵、運搬、販売
②農業生産に必要な資材の製造
③農作業の受託
④市民農園や観光農園などの農作業を体験できる施設の設置・運営や民宿業、直売所を営むこと

また、50％超とは、直前の事業年度を含む3ヵ年における農業の売上高に対する法人の事業全体の売上高に占める割合で判定する。ただし、異常気象などによって法人の売上高が著しく低下した事業年度があれば、その3ヵ年からは除外してよい。

❸議決権の要件

農業関係者が総議決権の50％超を占めていること。農業関係者とは、次の者のことを指す。

①法人の行う農業（関連事業を含む）に常時従事（原則1年間で150日以上）する個人
②農地の権利を提供した個人
③農地中間管理機構または農地利用集積円滑化団体を通じて法人に農地を貸し付けている個人
④基幹的な農作業を委託している個人
⑤地方公共団体、農地中間管理機構、農業協同組合、農業協同組合連合会

❹役員の要件

次の2つを同時に満たす必要がある。

①役員の50％超が、法人が行う農業（関連事業も含む）に常時従事（原則1年間で150日以上）すること
②役員または重要な従業員のうち1人以上が、法人が行う農業に必要な農作業に従事（原則1年間で60日以上）すること

このように、農地を所有して農業を行う場合であっても、そこまで厳しい要件ではないことがわかる。農地を借りれば、返す期限が必ずやってくる。**できれば最初から農地を所有して農業を行う選択をすべきだ。**

なお本書では、農業を行う法人を総称して、農業法人と呼ぶことにする。

農業法人であれば、資金調達がしやすくなる理由とは

農地を購入する場合はもちろん、借りる場合であっても、事業拡大のために農業機械、車両などを購入する必要がある。倉庫を建設することもあるだろう。そのための資金調達方法は主に3つある。

❶金融機関から借りる方法

最も一般的な方法は金融機関から借りる方法だ。金融機関は、将来、利子を付けて全額返済してもらう必要があるため、借りる側の利益の獲得能力を審査する。将来は予測できず、過去の利益から類推するため、農業を始めたばかりでは過去の実績がなく、お金を借りることは難しい。

それでも、日本政策金融公庫には、開業資金を融資する制度があるので申し込んでおくべきだろう。経営が安定すればJA（農業協同組合）や地方銀行などもお金を貸してくれる。基本的にはどちらも農業経営の協力者であり、融資が受けられるよう相談に乗ってくれるはずだ。このとき、**個人事業主より農業法人のほうが融資のハードルは下がり、かつ条件もよくなる。**個人事業主は確定申告を行うが、これはやはり簡易的な決算書と見られがちなのだ。しかも個人の通帳を使うため、生活費が混ざることも多い。金融機関では農業経営で使ったお金や貯まったお金の流れが見えにくく、審査しづらいのだ。

これに対し、農業法人なら決算書は発生主義に従って正確に作成され、通帳も個人のものとは別に管理されるため、資金繰りも一目瞭然となる。

そして、農業法人なら単純な借入金ではなく、社債を発行することもできる。社債とは5年間などの償還期間までは利息だけを支払い、5年後に元本を一度に返済すること。この社債を金融機関が引き受けることもあるのだ。これで元本の返済が先送りになり、資金繰りもよくなる。

さらに、認定農業者という制度が

ある。個人事業主でも農業法人でも、認定農業者になることができ、日本政策金融公庫の商品である低金利のスーパーL資金を使うこともできる。認定農業者となるためには、市町村に「農業経営改善計画書（5年間）」を提出する。その内容は次の4つとなる。

①経営規模の拡大に関する目標（作付面積、飼養頭数、作業受託面積など）。
②生産方式の合理化の目標（機械・施設の導入、圃場の連担化、新技術の導入など）。
③経営管理の合理化の目標（複式簿記での記帳など）。
④農業従事の様態等に関する改善の目標（休日制の導入など）。

もっと具体的に言えば、農業経営の利益が市町村の基本構想の目標以上となれば、それだけで認定農業者となれる。農業を始めたばかりで、農業経営改善計画書の目標とする利益が基本構想で設定した目標水準を下回る場合でも、意欲を持って農業経営の発展に取り組んでいると理解され、かつ将来的に基本構想の利益を超えられると見込まれたら認定される可能性もある。**認定農業者は、スーパーL資金だけではなく、農地の利用集積の支援を受けることができたり、税務上のメリットもある。**個人事業主でも農業法人でも、できるだけ認定農業者の申請をすべきだ。

❷補助金をもらう方法

大きく分けて、農林水産省や経済産業省が管轄する補助金と、厚生労働省が管轄する助成金があり、それぞれ「補助金」、「助成金」、「給付金」、「奨励金」などと呼ばれるが、本書では補助金と呼ぶことにする。

補助金と聞くと、例えば、100万円の経費に対してその3分の2である66万円が補助されるというイメージを持つかもしれない。そのような補助金もあるが、なかには制度補助金というものもある。**制度補助金は、一定の制度を導入するだけで補助金がもらえるもので、厚生労働省の管轄のものが多い。**例えば、人材育成制度を導入して実施した場合に50万円がもらえる。実施したコストが50万円未満でも差額を返還しなくてもよい。つまり、経費を超えた部分は利益となるのだ。

原則として、補助金は返還しなくてもよいが、一定の要件を満たさないともらえない。また、政府の予算が決まっていて、それを使い果たすと終了となる。途中で、どのくらいの予算が消化されているのかを調べる方法はなく、管轄官庁に問い合わせても教えてはくれない。ある日突然締め切られるので、**補助金はできるだけ早く申請すべきなのだ。**もし、却下されても、また次に申し込めばよい。同じ補助金の二次募集に申請して、承認された事例も多くある。

決められた要件を満たすことは必須だが、申請書類の内容を工夫する必要もある。自分での作成が難しければ、中小企業診断士や社会保険労務士などのプロに依頼しよう。

❸増資してもらう方法

3つ目の資金調達は増資だ。個人事業主にはできず、農業法人を設立している場合のみの資金調達である。農業法人に出資してくれる株主を探すという方法だ。株主には利益が出てから配当すればよく、出資してもらったお金を返済する義務もない。しかも、株主は個人でも法人でもかまわない。法人なら数百万円、数千万円を出資してもらえる可能性もある。

これを聞くと、「資本金500万円で設立した農業法人に、1000万円も増資されたら、3分の2の議決権を取られて乗っ取られてしまう」と考えるかもしれないが、それは大きな勘違いである。**実は、農業法人の1株当たりの株価は親族ではなく第三者からのものであれば、自由に決定することができる。**法人の農業経営の将来性に魅力があるほど高く設定できるため、乗っ取られることはない。例えば、1株1万円で資本金500万円の農業法人を設立したとする。最初に発行される株数は500株となる。ここに1000万円増資したい人を探し、1株当たりの株価を10万円と設定する。すると、1000万円を出資してもらっても発行株数は100株でよく、新しい出資者は16・6％の議決権の割合となる。すると、もともとの出資者の議決権の割合は83・4％となるため、過半数どころか3分の2の議決権を確保できる。なお、親族が増資するときには、1株当たりの株価は税務上の計算方法に従わないと贈与税がかかることがある。また、増資したあとに、少数株主でも、議決権を持つと株主として会社法で認められた権利を持つことにはなる。

株主は、農業法人に協力してくれる人や法人に限定したほうがよい。出資者が農業法人を手伝うことで株価が高くなれば、自分たちの利益にもなるという気持ちが生まれる。

農業法人　設立

株式会社は発行する株式の種類を変えられる

農業法人を株式会社として運営しているなら、株式の種類を変えて発行することもでき、これを種類株式と呼ぶ。種類株式とは、9つの事項を自由に組み合わせて、権利が異なる株式を発行すること。これにより、**株式が持つ経営権と財産権を分けるだけではなく、経営権や財産権の種類も変えることができ、**資金調達の手段の幅が広がる。9つも事項があると組み合わせに迷うが、農業法人が選ぶ事項は決まっている。

一般的には、農業を実際に行っている役員が過半数の議決権を確保したいと考えるはずだ。とすれば、お金だけを出資する人たちには、株主総会で議決権を行使できない無議決権の株式を発行したい。特に、農業法人が株価を高く設定できない段階で増資してもらうとしたら、多くの株式を発行しなければいけない。その場合でも、無議決権の株式を発行している限り支配権は取られず、農地所有適格法人の議決権の要件も満たすことができる。このとき、無議決権の株式に対して、多額の出資をする人などいるのか？　という疑問がわく。その場合は、無議決権の代わりに優先配当の株式にする。つまり、無議決権優先配当株式という株式の持つ経営権は制限するが、財産権は手厚くする株式を発行するのだ。

さらに、優先配当の株式のなかにも種類がある。

❶参加型と非参加型

参加型は、一定の優先配当額の配当を受けたあとでも、一般株主と同等の立場で配当を受けることができる株式を指す。参加型では、必ず一般株主以上の配当が受け取れる。

一方、非参加型は、優先配当を受けたあとは、一般株主と同等の立場で配当を受けることができない株式を指し、社債などに近い性格を持つ。

❷累積型と非累積型

[種類株式は９つの組み合わせ]

1	配当の方法を決める。（配当優先株式、配当劣後株式）
2	会社を清算したときに、残余財産を分配する。（残余財産優先分配株式）
3	株主総会で行使できる議決権の事項を制限する。（議決権制限株式）
4	株式を売買するときに、会社の承認が必要となる。（譲渡制限株式）
5	株主が会社に、株式の取得を請求できる。（取得請求権付株式）
6	一定の事項が発生すると、会社が株式を取得する。（取得条項付株式）
7	その種類株式について、会社が株主総会の決議により、その全部を取得する。（全部取得条項付株式）
8	株主総会、または取締役会で決議すべき事項のうち、その決議の他、種類株主総会の決議を必要とする。（拒否権付株式、黄金株）
9	種類株主総会において、取締役または監査役を選任できる。（取締役、監査役の役員選任権付株式）（非公開会社のみ、認められる）

累積型とは、その事業年度で満額の優先配当額をもらえなかった場合には、翌事業年度にその枠を繰り越して累積させていく株式を指す。

一方、非累積型とは、そのような優先配当額の枠を繰り越さず、その事業年度単位で判断する株式を指す。

株主にとっては参加型と累積型のほうが有利となる。

これらを組み合わせて、優先配当の権利の内容を決定していく。当然だが株主に有利な優先配当にしたほうが増資のお金は集まりやすい。その反面、株主にとって有利な条件は、農業法人には不利な条件となる。**単純に、農業法人にお金だけを集めればよいわけではなく、そのあとの経営の安定も考慮して条件を決めよう。**

農業法人 設立

合同会社ならば、自由に利益の分配率を設定できる

農業法人は、持分会社で設立することもできる。持分会社とは、合名会社、合資会社、合同会社の3つの総称である。

合名会社とは、出資者の全員が無限責任となり、合資会社は最低でも1人の出資者が無限責任になると決まっている。無限責任とは、会社の負債を出資者が個人で無限で負担するという意味だ。

とはいえ、銀行からの借入金であれば、出資者が代表となった場合、連帯保証人の契約を締結するので同じではないかと考えるかもしれない。ところが、負債とは銀行からの借入金だけではなく、農薬を仕入れたことによる買掛金、農業機械を分割で購入した場合の未払金、または他人に対する損害賠償金なども含まれる。

倒産を前提に農業法人を設立するわけはないが、事故などが起きたときに出資者が無限で責任を負うと聞くと設立を躊躇することも多いはず。

こうしたことから、出資者全員が出資した金額までの責任しか負わない形態となる株式会社、または合同会社での設立が一般的だ。

株式会社は、多数の株主から出資してもらい、プロの経営者が事業を運営することが前提だ。そのため、株主総会、取締役、監査役などの組織の設計については強行規定であり、株主が取締役をけん制する形態となっている。さらに、株主は出資割合に応じて議決権を持つため、必然的に多数決で意思決定することになり、少数株主の権利は限定されてしまう。

一方、合同会社は、数人の出資者が集まって事業を行うことが前提のため、定款で決めれば、自由に組織を設計できる。出資割合に応じた議決権ではなく1人1票であるため、出資金額が少なくても発言力を持

つ。そして、その定款を変更するには、出資者全員の同意が必要となり、勝手に不利な立場に追いやられることもない。さらに、「出資者＝取締役」となって事業を運営するため、出資者が自動的に経営者となり、組合的な組織が想定される。

例えば、Aが90％を出資して、Bが10％を出資したときでも、議決権は1票ずつであるため、出資者が2人ならば50％ずつとなる。そして、AもBも原則、業務執行権と代表権を持つ。つまり、AとBの権限は同等なのだ。また、定款を変更するまでもない事項は、出資者の過半数の賛成で意思決定する。それでも、2人で合同会社を設立した場合には、A1人では50％の議決権しかなく過半数を超えられないため、結果的にBの同意が必要となる。

さらに重要なのは、**利益配当の振り分けも、出資割合に応じるのではなく、自由にその分配割合を決められることだ。**例えば、Aさえ同意すれば、合同会社の利益を50％ずつで分けてもよい。

これでは90％も出資するAが不利にはなるが、Aとしては、Bがいなければ農業が始められないため、合同会社の形態をとってBを事業に誘うこともあるだろう。それでも、利益の分配割合をあとで変更する場合には、不利になる出資者の同意が必要となるため、最初に慎重に決定してほしい。

読者のなかには合同会社なんて聞いたことがないという方もいるかもしれない。しかし、令和3年度に全国で設立された法人の数は、13万2343件。そのうち、株式会社9万5222件に対して、合同会社は3万7072件にもなっている。**つまり、新しく設立される法人の約28％が合同会社というのが現実なのだ。**

なお、合同会社の形態で農業法人を設立したが、やっぱり株式会社のほうがよかったと考えることもあるかもしれない。事業を拡大したいのでもっと多くの人に出資してもらい、出資者と経営者を分離させたいなどの理由もあるだろう。

その場合でも、組織変更について出資者全員の同意があり、債権者保護手続きとして官報公告を行えば、株式会社に変更できる。実費は多少かかるが、組織変更したときに合同会社に法人税、出資者に所得税などの税金は一切かからない。

農業法人　設立

農事組合法人は、従事分量配当が使えるので有利

農事組合法人は、組合員が従事した程度に応じて配当を分配できる。これを従事分量配当と呼び、経費として認められる。ただし、農業での剰余金がある場合に限定され、固定資産の売却による利益、保険金の受け取りによる利益などは対象外となる。しかし、災害による農作物の損害を補てんする共済金などは農業での剰余金として認められている。農業での利益があれば次のように使いやすい制度となっている。

❶単価を自由に変更できる

組合員に配当するときの「従事の程度」とは、単純に農業に従事した時間だけではなく、作業の質も考慮して決定することができる。

また、部門別の利益の範囲内で従事分量配当を行うことが原則のため、会計ソフトなどで部門別の利益を計算すれば、各部門の組合員ごとに単価を変更することもできる。農作業だけでなく、経理や総務といった事務や、作付け計画作成などに専念する組合員も農業に携わっているとされ、従事分量配当の対象にできる。

❷事業年度ごとに変更できる

農事組合法人は、組合員に確定した給料を支払うと株式会社と同様に利益に対して法人税がかかり、残った剰余金から配当すると経費として認められない。これに対し、組合員に確定した給料を支払わなければ協同組合に該当するとされ、従事分量配当を行うことができる。

設立初年度などは農業による利益がないことも多く、従事分量配当は採用できない。そこで、**赤字になりそうなときは、確定した給料を支払い、明らかに黒字になる場合のみ、従事分量配当を採用するのだ。**事業年度ごとに自由に変更してもよいとされているからだ。

❸役員にも従事分量配当を行える

農事組合法人は役員に対しても従

事分量配当を行い、経費に計上できる。しかも、役員の職務に対する給料を別に支払うこともでき、それも経費となる。このとき、役員の給料と従事分量配当の計算は明確に区分しよう。税務調査の際に、役員の給料だけでは利益が出すぎるために従事分量配当で調整したと見られないことが大切だ。

❹利益を超える従事分量配当を行う

農事組合法人の定款では、「組合員に対して行う配当は、毎事業年度の利益の範囲内において行う」と定めているはずだ。もし利益を超えて従事分量配当を行えば、定款に違反し、経費として認められないリスクが生じてしまう。これを避けるため、定款には次のように定めておこう。

（配当）第○○条

①この組合が組合員に対して行う配当は、組合員がその事業に従事した程度に応じて行う配当及び組合員の出資の額に応じて行う配当とする。

②事業に従事した程度に応じて行う配当は、その事業年度において組合員がこの組合の事業に従事した日数、労務の内容、責任の程度に応じて単価を計算して行う。

③出資の額に応じて行う配当は、事業年度末における組合員の払込済出資額に応じて行う。

④配当は、その事業年度の剰余金処分案の決議をする日において各組合員について計算する。

農事組合法人では、従事分量配当が経費になるが、組合員は農業所得として確定申告を行う義務が生じる。このとき、**農事組合法人の通常総会において剰余金の処分の決議があった日に収入があったとみなされる。**配当が組合員の口座に振り込まれた日ではない。ところが、組合員に前払いされることもあり、組合員は、この時点で収入があったとして確定申告することもある。従事した対価と考えれば、受け取った時点で収入を計上してもよいが、毎年継続して適用することが必要だ。

なお、農事組合法人が確定した給料を支払い、株式会社と同様と見られるときには、配当は組合員にとっては配当所得として課税される。配当所得であれば、農事組合法人は配当するときに源泉徴収する義務があり、怠ればペナルティも課せられる。

組合員への支払いが従事分量配当か、単純な配当か、明確にしておこう。

農業法人 設立

規模拡大のために、農業法人を2階建て方式とする

農業法人を設立して集落営農を行うなら、組織の構造として1階に資源管理を行う一般社団法人を、2階に農業法人を設立する方法がある。この方法は、個人では農業の規模の拡大には限界があるが、地域で協力して集落営農の組織を継続かつ発展させることを目的としている。

❶1階の一般社団法人の役割

1階の一般社団法人は水資源の管理など農地を守る活動を行い、国から補助金として多面的機能支払交付金を受け取る。多面的機能支払交付金は、農地維持支払交付金と資源向上支払交付金の2つで構成される。国の標準単価での交付が原則となるが、都道府県によっては金額が異なることもある。

農地維持支払交付金は多面的機能を支える共同活動を支援して農地集積を後押しする目的で、草刈り、水路の泥上げ、農道の路面維持などの基礎的保全活動に支給される。これにより、草刈りなどを行った人に日当を支払うことができる。

資源向上支払交付金は地域資源の質的向上を図る共同活動の支援が目的で、水路、農道、ため池の軽微な補修など施設の長寿命化の活動に支給される。これにより、修繕をした際の外注費を支払うことができる。

このように、1階の一般社団法人は設備投資を行わず、労働の提供や外注のみに専念する。一般社団法人が収益事業を行わない非営利団体として運営されれば、法人税や相続税はかからない。補助金にも法人税はかからず申告も不要だ。つまり、低コストでインフラを維持できるのだ。

❷2階の農業法人の役割

2階の農業法人は、農業機械を購入して設備投資を行って生産活動に専念する。水田活用の直接支払交付金などは、この農業法人が受け取る。

このとき、農業法人は集落単位で

[２階建て方式のしくみ]

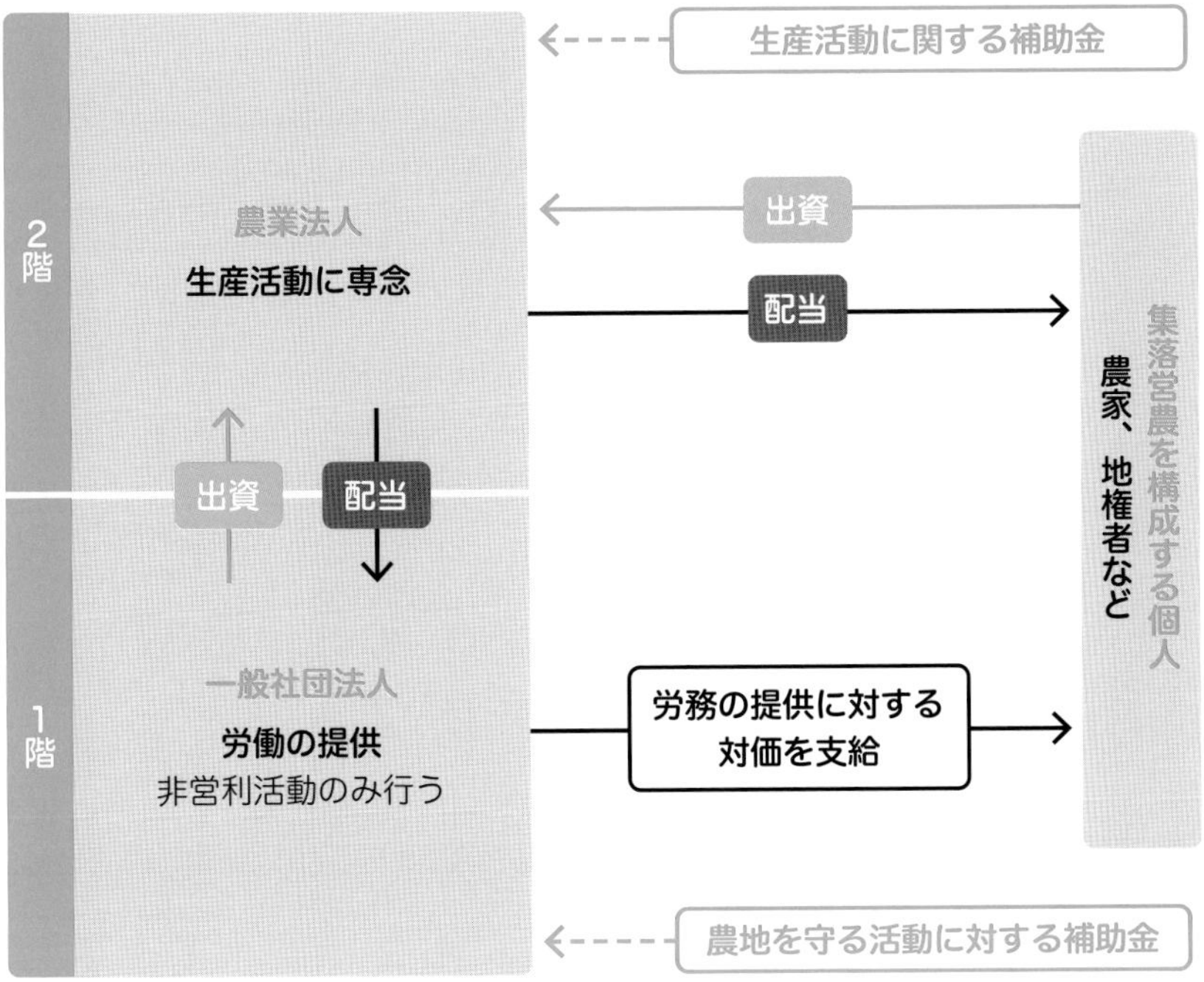

はなく、集落を超えた活動を行うことで、人材を広く募集する。さらに、個人では投資できないような大型設備を購入することで生産効率を上げ、投資の重複の無駄も省く。このとき、1階として設立した一般社団法人の存在により、労働の提供は少なくなるため、農業法人は設備投資によって消費税が還付されることにもなる。

なお、集落ごとに設立した一般社団法人が農業法人に出資して、配当を受け取ってもよい。農業法人には法人税がかかるため税引後の利益を配当する。ここで一般社団法人が受け取る配当には法人税はかからない。

この2階建て方式を成功させるためには、1階と2階の役割分担を認識し、じょうずに機能させることがポイントとなる。

農業法人とは別に商社を設立して、事業を拡大する

農業法人の設立だけでなく、2つ目の会社を設立するとメリットが広がるケースもある。2つ目の会社は、農作物を仕入れてスーパーなどに販売する商社として設立し、自分が生産するものの他、周辺の生産者の農作物を仕入れて販売するのだ。このメリットは3つある。

❶スーパーと交渉ができる

自分が生産する農作物だけでは数量も少なく、スーパーとの販売価格交渉は難しい。しかし、他の生産者の農作物も仕入れて、取り扱う販売量を増やすことで新たな交渉力が生まれる。

❷銀行からの融資が引き出せる

農業法人が銀行から借りたお金は、あくまでも農業に対する融資だが、2つ目の商社を設立すれば、周辺地域の農作物を仕入れる事業を新たに始めたことになるため、別枠で銀行が融資してくれる。周辺の生産者への代金支払いも早めることができれば、全員の資金繰りも改善する。

❸広範囲で農作物を仕入れることができる

周辺の生産者から農作物を仕入れて販売することは農業法人でもできるが、商社なら全国から仕入れることも可能だ。実際に1品目にしぼって全国から仕入れ、高利益率でスーパーに卸している法人もある。

この場合、会社が2つあることでランニングコストが二重になるのでは、という疑問もわくだろう。事務所の賃料、会計事務所への支払い、地方税なども2倍になるのでは、と考えるだろう。しかし、その心配はいらない。法人税の実効税率は約34％だが、これは資本金1億円以下の会社にかかる税率で、一律ではない。利益400万円までは約21％、400万円超から800万円までは約23％と10％以上も低いのだ。

例えば、農業法人の利益が200

[2社目を設立する3つのメリット]

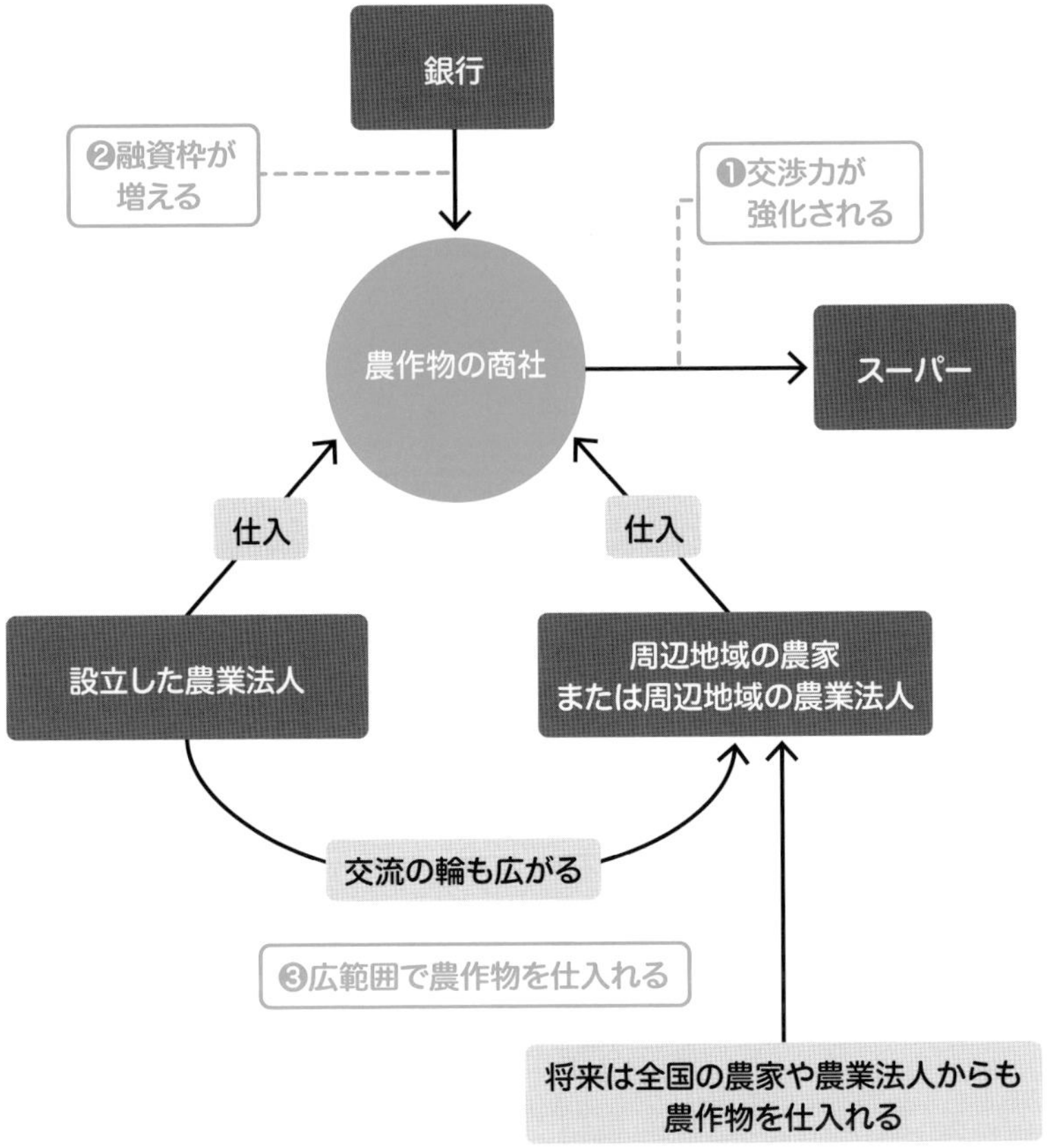

０万円とした場合、８００万円の利益までは約１８０万円、残りの１２００万円の利益には約４００万円の法人税がかかり、合計５８０万円となる。

　ここで商社を設立し、仕入れた農作物の原価を、スーパーへの販売価格の80%などと設定して利益を８００万円とする。とすれば、法人税は約１８０万円となる。これによって農業法人の利益は１２００万円に下がるので、法人税は約３１０万円となる。

　結果、２つの会社の法人税を合算すると４９０万円となり、農業法人１社のときと比べると90万円も下がるのだ。これで、追加となるランニングコストはまかなえる。よって、**2つ目の会社を設立してもランニングコストが増えることはない。**

農業法人 設立

従業員に対してなら、退職金を2回支払える

所得税は累進税率なので、税率は一定の金額を超えると一気に上がる。例えば、年収360万円の場合、約36万円の所得税（住民税も含む）となり、実効税率は10％となる。ところが、年収が2倍の720万円になると約115万円の所得税（住民税も含む）となり、実効税率は16％にもなり、社会保険料も増額する。

この所得税を節税するなら、給料による支払いではなく退職金とする方法しかない。退職金の場合、退職所得に所得税率をかけるが、給料などの他の所得とは合算されずに、分離課税で終了する。例えば、10年間働いて、360万円の退職金をもらったとすると、所得税はゼロ円。2倍の720万円をもらったとしても、所得税は約27万円（住民税も含む）ですむので、前述の115万円と比べてもかなり低い。しかも、退職金は社会保険料の計算でも対象外で、かからないのだ。

こうしたことから、給料より退職金としてもらうほうが断然、得となる。しかし、個人事業主の農家の場合、自分に退職金を支払うことはできない。同居の配偶者や子供が農業を手伝っていて給料を支払っている場合にも、退職金を支払うことはできない。**一方、農業法人なら代表取締役や取締役に就任すれば、誰であっても退職金をもらうことができる。**

それでは、個人事業主のもとで働く従業員には退職金を支払うことはできるのだろうか？　答えは、同居の配偶者や子供ではない従業員なら退職金を支払うことができる。辞めるときだけではなく、農業法人を設立して、そちらに転籍するときに全員に退職金を支払うこともできる。

さらに、引き続き農業法人で働く従業員には、法人を退社するときに、再度、退職金を支払うことができる。

ただし、農業法人を設立して転籍させるときに、個人事業主として従業員に退職金を支払うためには、次の4つのことを必ず行ってほしい。

①退職金規程を作成して、退職金の支払い事由に「法人設立時」と記載する。
②退職金の支払額の計算は、退職金規程に基づき適正に行う。
③農業法人を設立するときに、退職金を支給する旨を全従業員に周知する。
④退職所得の受給に関する申告に、全従業員の自署と押印を求める。

なお、従業員に退職金を支払う制度は、農業経営に本当に有用な方法なのか？　と聞かれることもある。

農業に限らず、すべてのビジネスに共通することだが、従業員には辞めずに長く働いてもらったほうが絶対に儲かる。新しく従業員を雇うためには採用のコストもかかる。ベテランを雇えればよいが、そんな人材はみんながほしい。経験が少ない人材しか採用できないとすれば、仕事を教えることに労力と時間を取られ、仕事のミスも多くなる。

もし、今働いている従業員を辞めさせたくないなら、長く働くことでメリットが生まれる制度を導入すべきだ。退職金制度は、従業員にとって最もメリットが大きいものだろう。

一時期、退職金は将来の隠れた債務になるので、退職金制度は導入しない、もしくは廃止するという個人事業主や農業法人がたくさんあった。それが最近では、人手不足のなかで従業員を辞めさせない制度として、新たに導入する事例も増えてきている。

農業法人を設立するときに退職金を支払えば、従業員は手取りが多いことでメリットに気づくだろう。それは、農業法人に転籍しても、長く働くモチベーションになるはずだ。

［退職所得の金額に対する所得税の計算方法］

退職所得の金額＝（退職金－退職所得控除額）×1/2

勤続年数（＝A）	退職所得控除額
20年以下	40万円×A （80万円に満たない場合には、80万円）
20年超	800万円＋70万円×（A－20年）

退職所得は給料と合算されずに、分離課税で終了する

農業法人　設立

個人事業主の売上高と農業法人の売上高は明確に分ける

農業を始めるときに、最初から農業法人を設立したとする。その場合、設立前に開業準備などに支出する経費がある。特別に支出するものとして、事業の支援者に対する接待交際費、現地視察の旅費交通費や調査費、農作物販売のホームページといった広告宣伝費などが考えられる。

これらの経費は、農業法人の設立前に支出したものであっても、開業費という繰延資産として計上できる。そのため、農業法人を設立する前の経費の領収書も保存しておくべきだ。そして、この開業費は、5年以内の耐用年数で償却することができる。「以内」ということなので、一時の経費として計上してもかまわないのだ。

当然だが、特別な支出には農業法人設立のための公証人役場での定款認証代、法務局での登録免許税、司法書士の手数料も含まれ、開業費に計上できる。

一方、特別な支出ではなく、銀行からの借入金に対する支払利子、従業員の給料、事務所の賃貸料、水道光熱費は経常的な経費となる。これらは開業費には認められないため、農業法人を設立したあとの支出だけを、経費として計上することになる。

では、個人事業主の農家が途中から農業法人を設立した場合（これを法人成りと呼ぶ）、法人設立前の売上高や経費は、どうなるのだろうか？

個人事業主の農家は、法律で1月1日から12月31日までが事業年度と定められており、翌年2月16日から3月15日の間で確定申告を行うと決められている。これを前提に、例えば、1月10日に農業法人を設立したとする。このとき、1月1日から1月9日までの売上高と経費を農業法人に計上してよいのか、という疑問がわく。

実は、1月1日から1月9日まで

[最初から農業法人を設立して農業を行う場合]

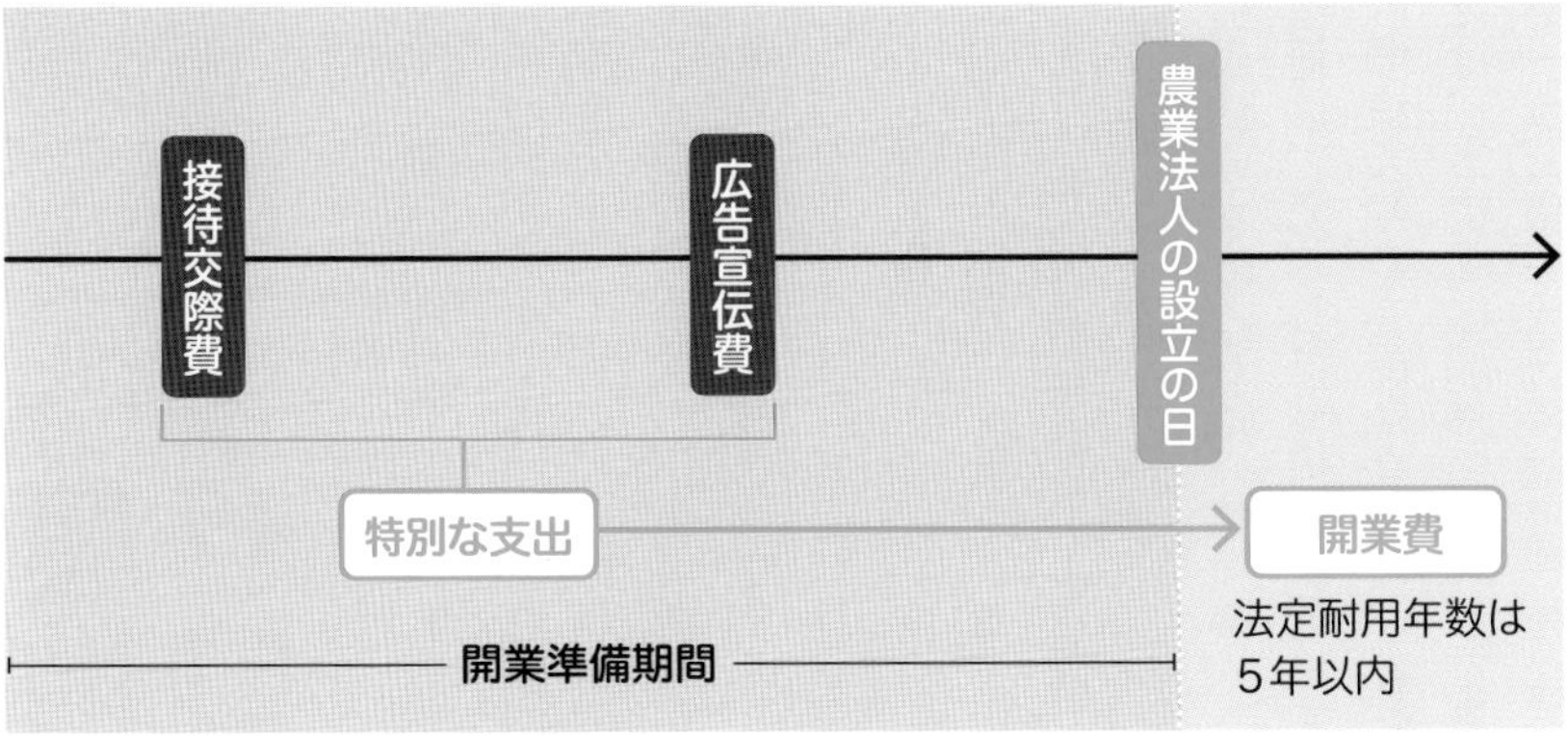

[個人事業主から法人成りする場合]

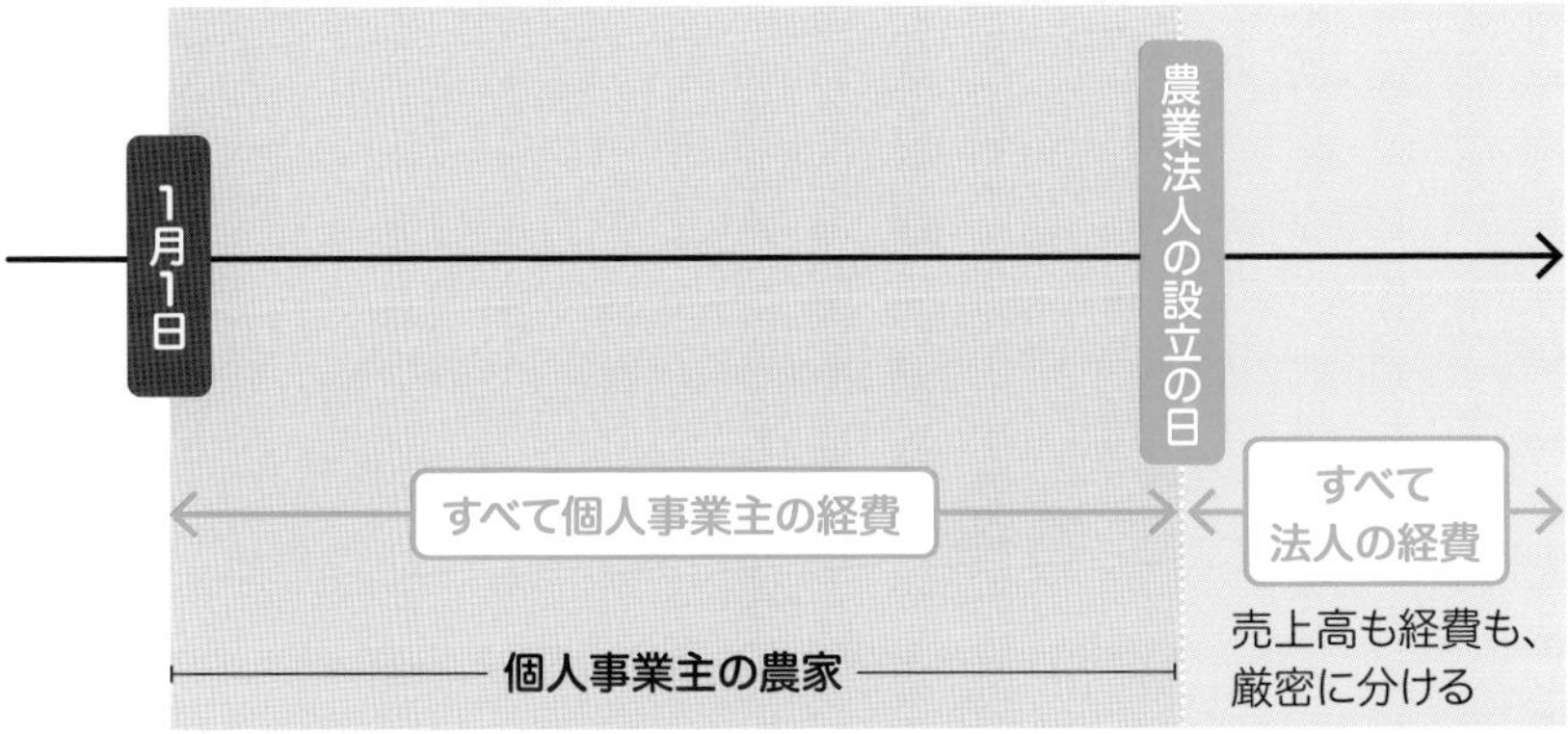

の売上高と経費は、個人事業主に帰属するため、9日間だけの事業年度として確定申告を行わなければいけない。農業法人の決算日は自由に決定できるが、仮に12月末とした場合、第1期目は1月10日から12月31日までを事業年度として決算書を作成して申告することになる。

このように、法人成りした場合には、厳密に売上高と経費の帰属先を決定しなくてはいけない。その代わりに、最初から農業法人で農業を行う場合と違って、法人を設立する前の経常的な経費は個人事業主の確定申告で経費として認められる。

なお、法人成りの場合であっても、法人の設立前にかかった登録免許税や司法書士の手数料は、農業法人の経費として計上する。

農地の売却益に対する税金をゼロにできる

農業法人の農地が1ヵ所に集まっておらず、飛び地になっていて生産効率が悪い事例も多い。その場合、農地を売買して交換し、1ヵ所に集約できれば、利益率はアップする。ただし、農地を売却して売却益が発生すると法人税がかかってしまう。売却益は次のように計算される。

売却益＝農地の売買価格－農地の取得価額－仲介手数料

農業法人がもともと高値で購入した農地は、売却しても損失が発生するので法人税の心配はない。一方、例えば、市街化区域外で購入した農地が、市街化区域内に指定されたことで評価が上がっていれば、多額の売却益が発生する。その場合、法人税を支払った残りのお金で代わりの農地を購入するしかない。このとき、**農業法人が5つの要件を満たして等価交換の制度を適用できれば、売却益を全額、将来に繰り延べることができる（左ページの表を参照）。**

等価交換の要件のうち④の用途は、田畑、山林、牧場または原野などを指す。農業法人が所有する田畑を交換するなら、取得した農地も田畑で使うことが必須となる。農業用倉庫の敷地やトラックの駐車場などに使ってはいけない。牧場として使っても要件を満たさないので注意したい。

等価交換の要件のうちの⑤は、市街化区域内の農地と市街化区域外の農地では1坪当たりの金額がかなり違ってくる。当然だが、ぴったりの時価の農地を探すことが難しい場合には、お互いに精算金を支払うことで調整する。その精算金が時価の高いほうの20％を超えると要件を満たさなくなる。

「そんなにうまく農地を所有している農業法人なんて見つけられるのか？」と考えるかもしれないが、交換する相手は農業法人でなくても、個人事業主の農家でもかまわない。また、農地を交換するときの時価はどのように計算すればよいのか？という疑問もわく。

農業法人を経営する役員個人と農地を交換することはまず想定されない。そもそも役員自身が所有している農地なら借りればよいからだ。そのため、**第三者間での交換と想定されるが、時価はお互いに合意した価格として問題ない。**精算金を支払う場合でも、お互いに合意した時価の高いほうの20%以内に収まればよい。

なお、個人事業主の農家も農地の売却益について、等価交換の制度を適用して100%繰り延べることができる。等価交換の要件も、農業法人の場合とまったく同様だ。

個人事業主の場合には、相続によって農地を売却すると多額の売却益が発生することが多く、等価交換は有効な手段と言える。

［農地の等価交換が成立する要件］

①土地と土地の交換、または建物と建物の交換であること（例えば、農地と倉庫の建物の交換はできない）
②交換する土地は、農業法人が1年以上所有していること
③交換で取得する土地は、交換の相手が1年以上所有していること
④交換で取得する土地は、売却する土地の用途と同じ用途で使うこと
⑤交換で売却する土地の時価と取得する土地の時価との差額が、その高いほうの時価の20%以内であること

［精算金を支払っても等価交換となる場合］

「市街化区域内の農地の時価 ＜ 市街化区域外の農地の時価」と仮定

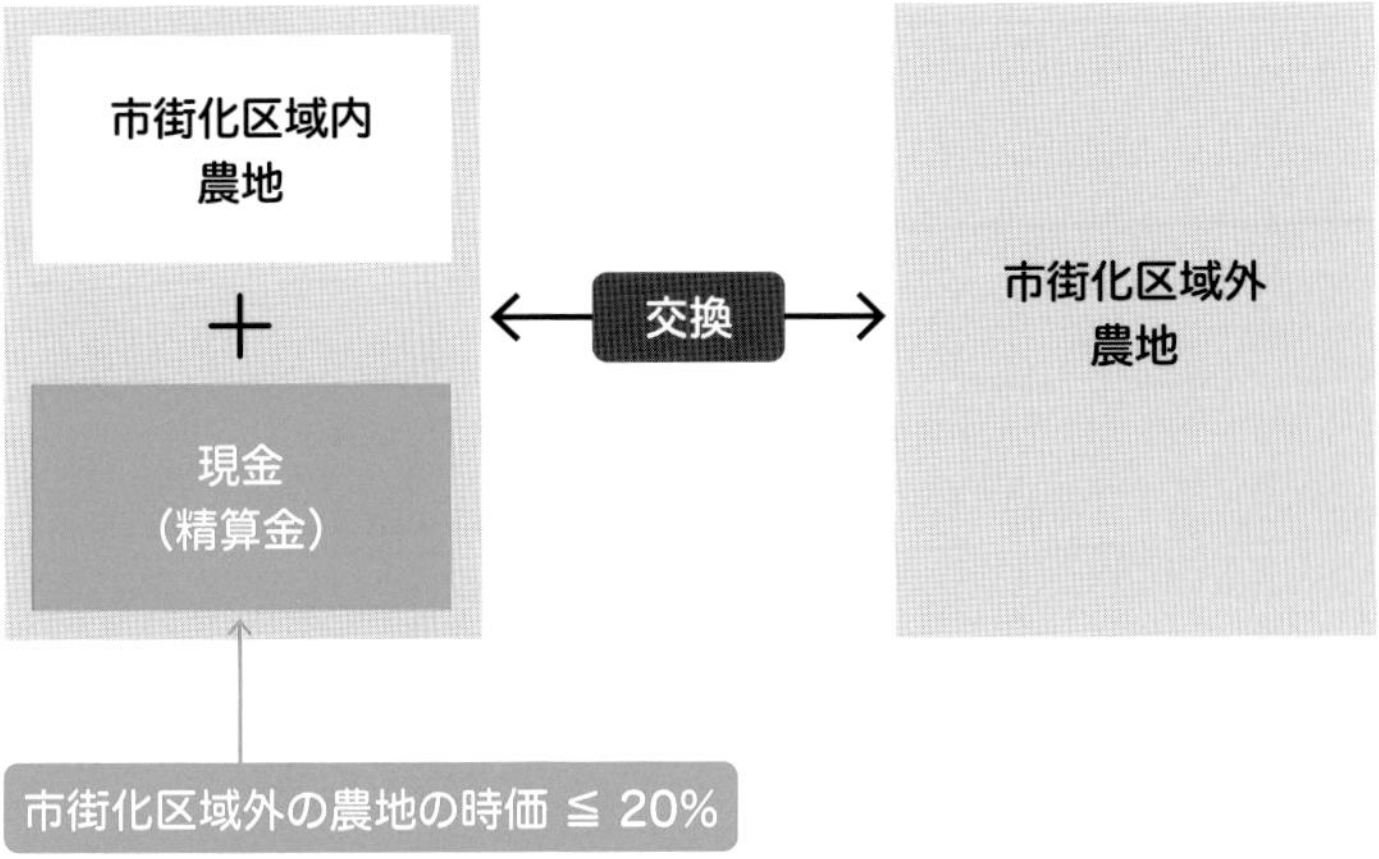

法

農業法人　設立

農地にかかる固定資産税を申請して下げてもらう

固定資産税は、1月1日時点で農地を所有している人が支払う義務を負う。毎年、その税の通知書が市町村から送られてくる。固定資産税は、次のように計算する。

固定資産税＝固定資産税評価額×1.4％

農地は一般農地と市街化区域農地に分けて評価額が決定される。このとき、近隣の売買実例や評価額を参考に評価するので、当然、一般農地のほうが安くなる。また、農地と申請していても耕作していなかったり、荒地となっていると雑種地とみなされる。**市町村の担当者が1月1日時点の航空写真から、もしくは歩いて見て回って現況の使用方法を確認する。**登記簿謄本で地目が「田」となっていても関係なく、現況で雑種地と判断されると評価額は高くなる。これらの判断は納税通知書に現況が記されているので、見てみよう。

これを前提に、固定資産税を下げる方法が4つある。

❶農地として申請する

休耕地を他人に貸して農地として使い始めたのに、雑種地のままとなっていることがある。市町村の担当者も毎年確認するわけではなく、昨年度と同じ用途で使っていると勝手に判断して課税されていることもあるので、農地として申請すれば固定資産税は下がる。

❷圃場として貸す

自分の土地が広すぎて、すべてを農地として活用できないこともある。その場合には、植木屋さんが苗を育てる圃場として貸すと農地の評価となる。この場合、賃貸契約書を締結しよう。また、建物の建築は認められないため、ときどき建物が建っていないか見回る必要がある。

❸実測値で申請する

農地が相続されてきたことで、登記簿謄本の面積と実測の土地の面積

[一般農地と市街化区域農地の固定資産税]

区分		評価	固定資産税
一般農地		農地の評価	農地の課税
市街化区域農地	生産緑地	農地の評価	農地の課税
市街化区域農地	一般市街化区域農地	宅地並み評価	農地に準じた課税
市街化区域農地	特定市街化区域農地	宅地並み評価	宅地並み課税

[農地の面積をはっきりさせる]

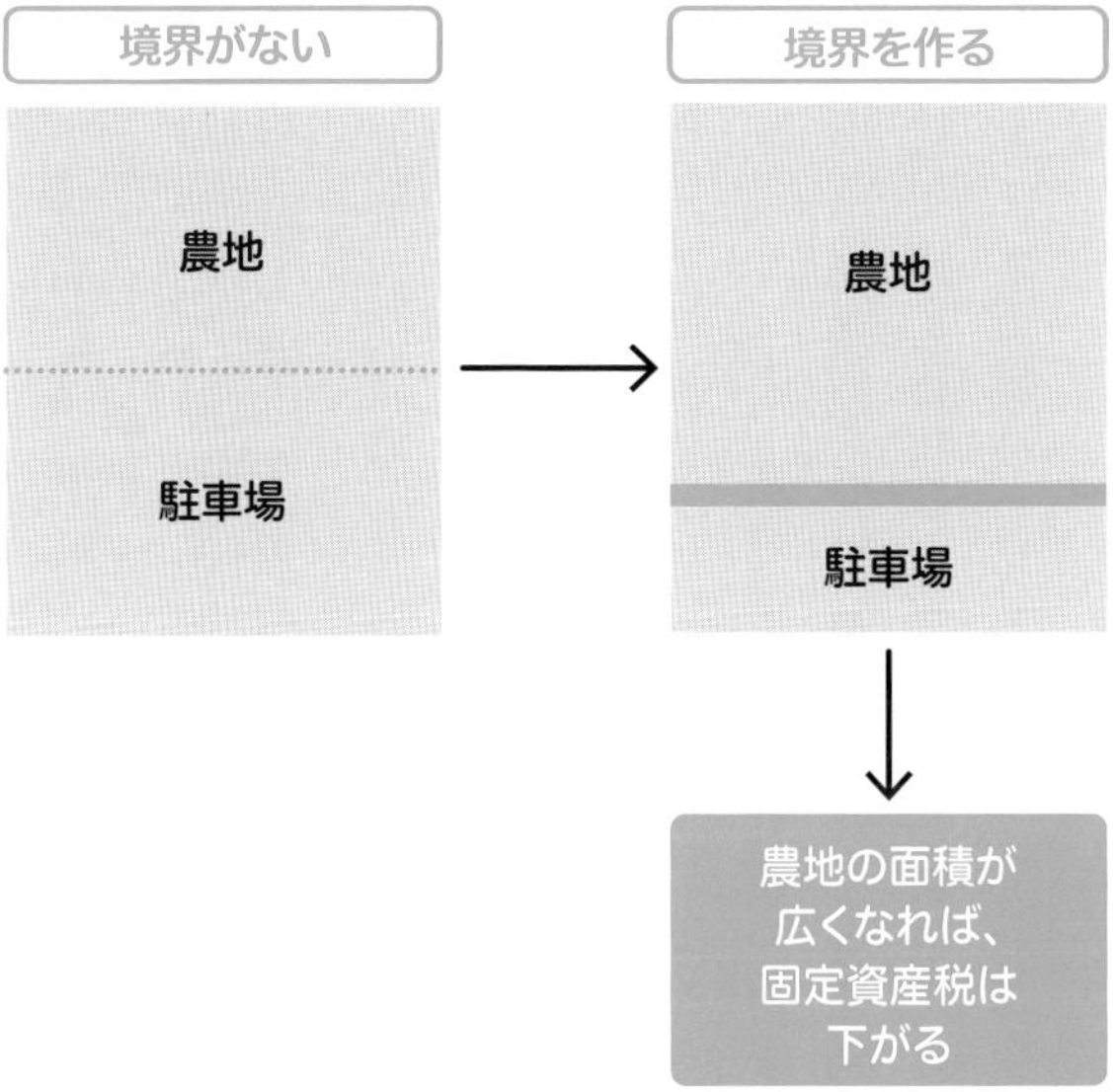

がかなり違う場合がある。原則として、土地は登記簿謄本の面積で評価額を計算しているので、もし測量して実測の面積のほうが小さければ、固定資産税は下がる。

このとき、地積更正の登記をすればよいが、そのためには隣地の人の立会と実印などが必要となる。農地の場合には隣地との境界線があいまいなこともあり、登記することが難しい場合も多い。それでも測量図面を市町村に持っていき交渉すれば、その面積で評価してくれるはずだ。

❹境界をはっきりさせる

農地の隣地が駐車場になっている場合、自分で使っていても、他人に貸していても、駐車場は雑種地の評価となる。農地と駐車場の境界線がはっきりしていないと、市町村の担当者も見間違えることがある。農地と駐車場の間に垣根などを設置して、境界をはっきりさせればよい。それにより、納税通知書の記載面積よりも実際の農地の面積が広くなれば、申請して固定資産税は安くなる。

農業法人　設立

農業法人で、自宅の建物の減価償却費を計上する

個人事業主の農家が、自分が所有する土地の上に6000万円の自宅を建てるときに、銀行から住宅ローンを借りたとする。このとき、毎年12月末における借入金の未返済残高（上限5000万円）に対して、所得税法上、0・7％の住宅ローン控除の制度が使える。つまり、年度末に5000万円以上の銀行への未返済残高があれば、その年は35万円の税額控除となる。

ただし、住宅ローン控除が使える期間は限られる。この期間については、最大で13年間となる。また、借入金を返済していき、12月末の残高が減っていけば、住宅ローン控除の金額も減っていく。ということで、総額は正確には計算できないが、最大で455万円程度となるだろう。

一方、**農業法人を設立して、自宅を購入すれば、建物について減価償却を行うことで法人税が節税できる。**個人で自宅を建てたあとに農業法人に売却するか、もしくは農業法人で建物を建てたとすると、合計6000万円の減価償却費が計上できる。自宅が木造であれば、耐用年数は22年となるので、その期間で毎年約272万円の経費が計上できる。

このとき、自宅に住む父親や同居している子供は、農業法人に、周辺の相場程度の賃貸料の2分の1を支払うとする。それほど高くはならないはずだが、農業法人の売上高としては計上される。

例えば、1年間の賃貸料が50万円とすれば、22年間で1100万円となる。法人税の税率は約34％なので、「｛6000万円（減価償却費）−1100万円（賃貸料）｝×34％」で、1666万円の節税となり、住宅ローン控除の特例より断然、得となる。

これは、新築でなく中古の自宅であってもよい。そのため、農業法人

を設立したあとに自宅を売却すれば、その時点での建物の帳簿価額から減価償却ができる。帳簿価額とは、自宅を建ててから農業法人に売却するまでの期間の減価償却費を、取得価額から自動的に計算して控除した残額のことだ。

例えば、自宅を6000万円の木造の建物で建築すれば、それが取得価額となる。木造の耐用年数は22年だが、個人が所有する自宅は1・5倍になると定められているため、33年となる。また、減価償却のもとになる取得価額にも、0・9をかけることになっている。自宅を建ててから13年が経過しているとすれば、自動的に、「6000万円×0・9×（13年÷33年（耐用年数））＝約2127万円」が建物の減価償却費の累計額として差し引かれる。つまり13年経過後の帳簿価額は「6000万円－2127万円＝3873万円」となり、これが農業法人で減価償却できる上限となる。

この場合、13年の経過後となれば、すでに住宅ローン控除の特例は使い終わっているため、その後、農業法人でも節税できることになる。

では、自宅を農業法人に売却するときに注意すべきことはあるのか？

❶建物だけを売却すること

自分の田畑の近く、もしくは田畑を潰して自宅を建てることが多いと想定される。とすれば、自宅の敷地は、先祖代々から相続してきたはず。

このとき、建物だけではなく、土地まで農業法人に売却すると購入した金額もその時期もわからないため、多額の売却益が発生して所得税がかかってしまう。そこで、自宅の建物だけを帳簿価額で農業法人に売却すると売却益は発生しない。

❷地代を少しだけ支払う

通常は、建物だけを農業法人に売却しようとしても、土地の借地権も一緒に売却したとみなされる。借地権の売却益が発生すれば、やはり所得税がかかってしまう。そこで、農業法人が将来、自宅が古くなったら取り壊して、無償で地主に更地で返還するという約束をする。このとき、農業法人が、土地の固定資産税の3倍程度の地代を支払うことにすると、**税務署は、借地権は売却されていないとみなしてくれる。**

なお、農業法人と地主が土地の賃貸借契約書を締結したら、連名で税務署に「土地の無償返還に関する届出書」を遅滞なく提出しておく必要があるので、お忘れなく。

農業法人にすると税金で得する3つのポイント

農業は、個人事業主ではなく農業法人として運営すべきという意見がある。その理由は、税金面で3つのメリットがあるからだ。

1 税引後の資金効率がよい

所得税は累進課税の制度で、住民税を含めると最低15％、最大55％にもなる。特に、所得が695万円以上900万円未満でも33％、900万円以上1800万円未満でも43％、1800万円以上4000万円未満ならば50％もの所得税率（住民税を含む）が適用される。所得とは、年金、賃貸収入など、農業以外の利益も合算したものを指す。

一方、法人税の実効税率は、資本金が1億円以下の農業法人であれば、400万円の利益まででは約21％、400万円超800万円以下の利益には約23％、800万円超の部分には約33％の法人税率が適用される。仮に、個人事業主の農家と農業法人がそれぞれ銀行から1億円の借り入れをして農地を購入したとしよう。ここで農業を行い、年間3000万円の利益が出ると仮定する。個人事業主の農家は生活費として所得税がかかる前の所得1000万円は確保したいとする。すると、銀行への元本の返済原資は残りの2000万円の所得となる。これに対して、所得税率が50％とすると約1000万円かかるので、残りの1000万円で返済する。すると、ちょうど10年間で返済が完了するが銀行へ1億円を返済するために、2億円の所得が必要となる。

農業法人の場合、生活費として農家は1000万円の給料を受け取ることにする。すると、銀行への返済原資は個人事業主の農家と同様に、2000万円の利益となる。これに対する法人税は約580万円かかるので、残りの1420万円で返済する。すると、7年で返済ができる。

このように、農業法人で銀行

[所得税率の速算表]

課税される所得金額	税率	控除額
1,000円から1,949,000円まで	5%	0円
1,950,000円から3,299,000円まで	10%	97,500円
3,300,000円から6,949,000円まで	20%	427,500円
6,950,000円から8,999,000円まで	23%	636,000円
9,000,000円から17,999,000円まで	33%	1,536,000円
18,000,000円から39,999,000円まで	40%	2,796,000円
40,000,000円以上	45%	4,796,000円

上記の所得税とは別に、所得に対して10%の住民税がかかる

[所得税の具体的な計算]

1,000万円の所得に対する所得税
所得税：1,000万円×33%－153.6万円＝176.4万円
住民税：1,000万円×10% ＝100万円
所得税＋住民税＝276.4万円

500万円の給料に対する所得税
給与所得＝500万円－144万円＝356万円
所得税：356万円×20%－42.75万円＝28.45万円
住民税：356万円×10%＝35.6万円
所得税＋住民税＝64.05万円

からお金を借りれば、個人事業主の農家と比べて早く返済できるうえ、1億円を返済するために1億4200万円の利益があればよいことになる。つまり、**農業法人のほうが10年間で5800万円も資金効率がよいのだ。**

前述のとおり、900万円の所得で所得税率は43%となり、すでに法人税率よりも高くなるため、儲かっている農家は農業法人で運営すべきなのだ。しかも、儲かっている農家は事業を拡大することもあり、銀行からお金を借りて、農地、農業用倉庫、農業機械などの固定資産を購入する機会も多いと想定される。

2 親族で所得が分散できる

税金には比例税率のものがいくつかある。有名なのが消費税だ。100円の商品を買っても10%で10円の消費税、100万円の商品を買っても10%で10万円の消費税がかかる。そのため、誰がいつ商品を購入したとしても損得はない。

一方、所得税率は累進課税で、所得が多いほど高い税率がかかる。そのため、できるだけ所得を分散するほうが得になる。例えば、個人事業主の農家が1人で1000万円の所得があったとする。この場合、276万円の所得税（住民税を含む）がかかる。そこで、農業法人を

設立して、配偶者と500万円ずつの給料をもらうことにした。社会保険料を含まない形で算出すると、1人64万円、2人で合計128万円の所得税となり、1人の所得とするより半分以下になる。所得が高額になるほどこの差は開くのだ。

では、個人事業主の農家では、配偶者に給料を支払うことはできないのだろうか？　実際には、税務署に事前に届けた金額以下であれば認められる。ただし、高額な金額は認められず、あくまで他の従業員と同様の基準で給料を設定するしかない。

ところが、**農業法人の場合には、事前に税務署に届ける必要はなく、株主総会の承認があれば自由に金額を決定できる。**しかも、配偶者が役員に就任すれば、経営に参加している対価ももらえるため、従業員と同じ基準の給料にする必要もない。

3 役員にも退職金を支払える

農業で儲かることが先決だが、最終目標はできるだけ税引後の本人の手取りを増やすことだ。どれほど儲かっても、所得税が高額で手取りが少なければ意味がない。給料に対する所得税は高いが、実は、退職金に対する所得税は安くなっている。

退職金に対しては、勤続年数に応じて退職所得控除が認められており、控除した所得に対してかける所得税率も2分の1となる。例えば、35年勤務して、1億円の退職金を受け取ると、所得税は1800万円で済み、手取りは8200万円にもなる。仮に1億円を給料で受け取ると、社会保険料を除き4900万円の所得税がかかり、手取りは5100万円にしかならない。圧倒的に退職金としてもらうほうが有利なのだ。

ところが、個人事業主の農家は本人にも、その配偶者にも退職金を支払うことができない。そのため、農業で儲かった利益に対しても特別な控除はなく、高い所得税を支払った残りが手取りとなる。これが**農業法人であれば、株主総会の承認で本人だけではなく配偶者にも退職金を支払うことができる。**しかも、配偶者が役員に就任していれば他の従業員と同じ基準を適用する必要もない。

農業法人　運営

農業法人の決算日は、いつにすべきか

個人事業主の農家は、1月1日から12月31日までの1年間の売上高と経費を集計し、差額の利益について翌年3月15日までに確定申告を行う。法律で個人事業主の決算日は12月31日と決められており、変更はできない。**一方、農業法人の決算日は設立時に自由に決めることができる。**一般的には月末が多いが、月中でも可能だ。

では、農業法人の決算日は何月にすべきだろう？　実は、売上がいちばん上がる時期の前月の月末を決算日とすべきと決まっている。いちばん儲かる時期が事業年度の最初に来れば1年間の利益の計画が立てやすく、役員の給料の設定も含め、節税対策を練ることができるからだ。

さらに、原則として農業法人は決算日から2ヵ月以内に法人税と消費税を納める必要がある。期首に最も売上が上がるなら納税までには売掛金などを回収できるため、資金繰りにも困らない。

これが逆に、米を作っている農業法人が12月末を決算日に設定しているとしよう。10月から新米の出荷が始まり、12月ぐらいで終わる。すると、すぐに決算日が来てしまい、どれくらい儲かったかは、決算書を見て初めてわかることになる。節税対策を行う時間もなく、法人税が計算されてしまう。しかも、2月末までに法人税と消費税を納める必要があるが、それまでに売掛金の入金があるかも不明だ。この場合、9月末を決算日に設定しておくべきなのだ。

つまり、**秋に収穫する農作物を作っている場合には、個人事業主の農家は毎年不利になっている。法人成りを検討するとよいだろう。**すでに農業法人を運営している人も決算日の変更は可能だ。株主総会で承認を得て、税務署へ届出を提出するだけでよい。

農業法人　運営

農事組合法人なら事業税が非課税となる

農業を行うために、個人事業主でも農業法人でも道路や下水道施設などの設備を使う。また、農作業で生じたゴミも行政サービスを利用して回収してもらうだろう。こうしたことは、当然だが無料で利用することはできない。

まず、個人は市町村に住むことで住民税を支払う。住民税は個人の所得に一定の税率をかけて計算されるが、所得税がゼロでも設備や行政サービスは使うため、均等割りという一定の金額を支払う義務は生じる。農業法人も個人と平等にするため、法人住民税も均等割りも支払う。

さらに、個人事業主の農家と農業法人は事業を行うことで、そこに住んでいる人より多く設備や行政サービスを使うとされ、事業税を市町村に支払うことになる。住民税の計算と同様に、個人事業主の農家や農業法人の利益に対して一定の税率をかけて事業税は計算される。この場合、住民税の利益とは異なる計算方法となるが、利益が大きいほど事業税が高くなることは確かだ。また、住民税と異なるのは、事業税は経費として認められることだ。

❶個人事業主に対する税率

個人事業主は業種によって税率が変わり、利益の3～5%とされる。ところが、**耕種農業という業種は事業税が非課税とされている。どれほど利益が大きくても、事業税がかからない。**一方、畜産業、水産業、薪炭製造業は第2種事業と分類され、4%の事業税がかかる。

しかし、個人事業主の農家が、農業の副業として畳表製造や藁工品製造を行う場合には、第1種事業の製造業となるため、その利益に対しては5%の事業税がかかる。それでも自家労力によって、かつその売上高が耕種農業の売上高の2分の1以下であれば非課税とされている。

［個人事業税の主な税率］

第１種事業	第２種事業	第３種事業
税率５％	税率４％	税率５％
（37 業種） 物品販売業 飲食店業など	（３業種） 畜産業 水産業など	（30 業種） 医業 理容業など

❷農業法人に対する税率

農業法人である株式会社の資本金が1億円以下であれば、その利益に対して税率をかけて、事業税を計算する。

さらに、資本金が1000万円未満であるか、または3つ以上の都道府県にまたがる事業所が存在しなければ軽減税率適用法人となり、事業税率が多少軽減される。

それでも、個人事業主の農家であればゼロだったところ、農業法人を設立すると必ず事業税がかかる。これはデメリットと言えるだろう。

では、農業法人でも事業税がかからない方法はないのだろうか？　実は、農業法人の1つである農事組合法人を設立して、下記の①～④の者の出資口数が総出資口数の2分の1以下で、かつ②～④の者の出資口数が総出資口数の4分の1以下であれば公益性や非営利性の事業と判断されて、事業税がかからなくなるのだ。**簡単に言えば、農家だけで設立した農事組合法人であれば、事業税はかからないということだ。**

①農業協同組合または農業協同組合連合会の組合員。
②農事組合法人からその事業にかかる物資の供給または役務の提供を受ける者。
③②の代表者またはその代理人、その従業員である組合員。
④③の組合員以外で、②の者による資金で生計を維持している者。

個人事業主である農家が法人化するときは、どの種類の法人を選択するかを考えるはずだ。事業税は、その判断の要因となる。

農地を購入したときの付随費用は経費になる

農業法人が農業用倉庫やトラクターなどの車両を購入すると、購入代金だけでなく付随する費用を支払う。これは一時の経費にならず倉庫や車両の取得価額になるが、そのあとに税法上の耐用年数で減価償却できる。時間はかかるが期間を通算すればすべて経費に計上できるのだ。

一方、農業法人が農地を購入するときにも、購入代金だけでなく付随する費用を支払う。**これは農地の取得価額に含まれ、農地は消費するものではないので、減価償却の対象とはならない。**将来、農地を売却したときに、初めて取得価額が経費として認められる。しかし、農地を売却しない限り取得価額は経費にできず、農業法人の固定資産として計上され続ける。このように、付随費用が取得価額に含まれるか、一時の経費となるかは重要な問題なのだ。

これについては、付随費用の項目ごとに判断することになる。

❶取得価額となるもの

まず、農地を購入するときに不動産会社に支払う仲介手数料は、農地の取得価額となる。

次に、購入のための農地の測量費用は、一般的には農地の引き渡しまでに売主が費用負担して完了させるが、買主である農業法人が負担した場合には、農地の取得価額となる。売主が負担すればその分農地の売買価額が上がるところ、買主が負担したことで売買価額が下がることがその理由だ。

さらに、**農地の固定資産税を精算した場合、これも取得価額となる。**そもそも固定資産税は1月1日時点の所有者に納税義務があるため、所有者が変わっても売主に支払う義務があり買主が精算する必要はない。

しかし、慣例的に、農地の売買では、固定資産税は引渡日をもとに日割り計算し、買主が売主に精算金を

［固定資産税の納税義務者は売主］

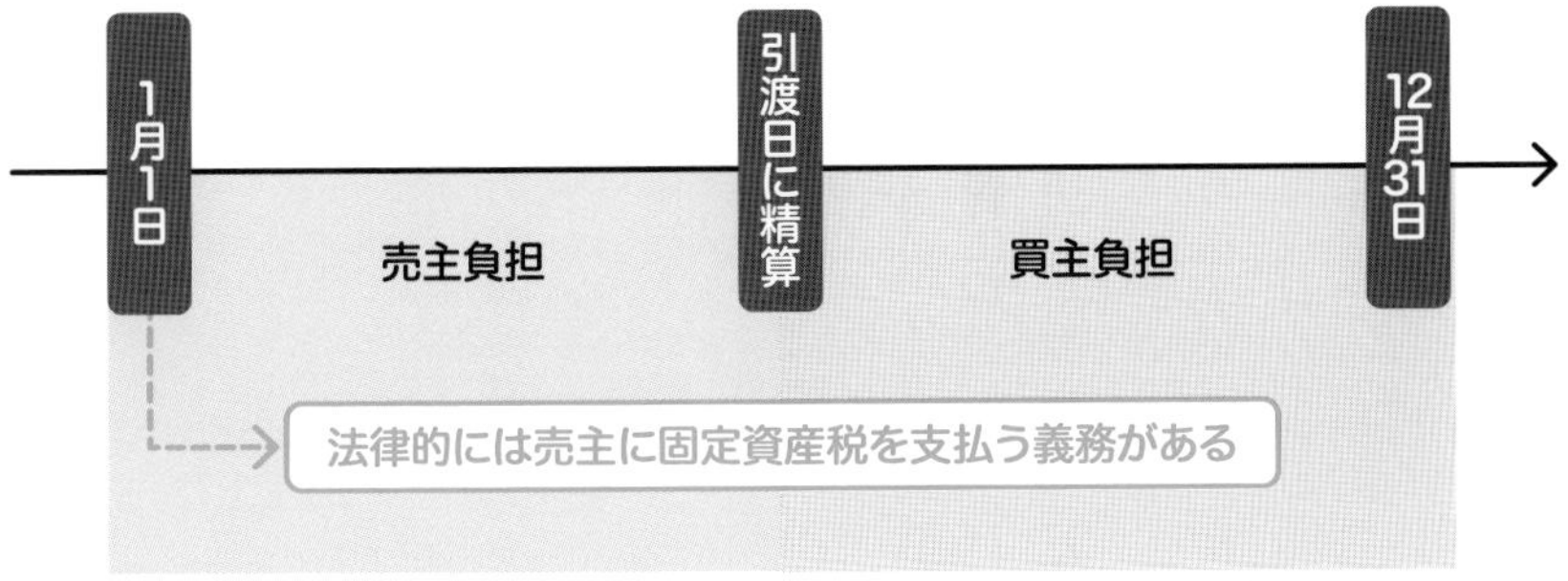

渡すことが行われている。その方法は、1月1日を起算日とすることが多い。これらが固定資産税の精算金という名目であったとしても、税務上では、本来の固定資産税の支払いとは考えない。あくまで売買代金に上乗せして農業法人が支払ったとみなすため、農地の取得価額となる。

❷選択できるもの

農地のような固定資産を購入するときに関連して支払った付随費用でも、次のものは農業法人が農地の取得価額に含めるか、一時の経費にするかを自由に選択できる。

当然、農業法人としては、一時の経費として取り扱ったほうが法人税は有利となる。

① 登録免許税及び登記費用。
② 不動産取得税。
③ 契約を解除して支払った違約金。

①は、農地の名義を変更したときに支払うので、そのときに経費として計上すればよいが、②については、農地を購入して3ヵ月から半年ほどあとに納税通知書が届く。そのときに納付すべき税額が確定するので、経費として計上できる。

③は、契約時に支払う手付金についてだ。手付金は、買主である農業法人が引渡日までに契約を解除すると戻ってこない。他の土地がほしくなった、資金繰りが変更になったなど契約解除の理由も様々だろうが、手付金は売主に没収されてしまう。そのとき、一時の経費とすることができる。

一方、**個人事業主の農家は、この①②③は、必ず一時の経費にしなければいけない。任意で計上せず、取得価額に算入するという選択肢はない。**

農業法人　運営

事前確定届出給与の届出書を毎年、提出しておく

農業法人の役員の給料は、定時株主総会から次の定時株主総会まで同額でなければいけない。増額や減額すると差額は税務上の経費として認められない。これを定期同額給与と呼ぶ。

例えば、12月末決算の農業法人が3月末の定時株主総会で、役員の給料を月額50万円、年額600万円と決定したとする。仮に、秋ぐらいになってかなりの利益が出ることがわかり、10月から役員の給料を80万円に増額したとする。この場合、10月から次の定時株主総会まで、月額30万円（＝80万円－50万円）は経費として認められないのだ。

ただし、役員の給料は定時株主総会ではなく、臨時株主総会で決定してもよいとされている。12月末に臨時株主総会を開催して、翌事業年度の1月から80万円に増額すれば、そこからは全額を経費に計上できる。

とはいえ、前事業年度の利益を圧縮することはできない。そもそも、役員の給料に対する所得税は累進課税で、住民税を含めると15％～55％のなかで段階的に上がる。一方、農業法人の利益に対する法人税の実効税率は、400万円までは約21％、400万円超～800万円は約23％、800万円超は約33％となっている。このことから、農業法人の利益が800万円までは役員の給料は上げず、800万円超となるのであれば給料を上げたいと考えるのではないだろうか。役員の給料は自分たちで自由に決めることができるため、**決算の直前に役員の給料を変更し、所得税と法人税の差額で節税するということを、この制度で防いでいるのだ。**

農業法人の役員は、登記されている役員だけを指すものではない。次のどちらかの要件に当てはまると、従業員であっても、「みなし役員」と認定されて、やはり定期同額給与

で支払わないと増減した差額が経費として認められなくなる。

①従業員以外で、その法人の経営に従事している者。例えば、取締役ではない総裁、会長、理事長等、持分会社の業務執行社員、または相談役、顧問などで、農業法人内における地位、職務等からみて他の役員と同様に実質的に経営に従事していると認められる者などが該当する。

②農業法人の従業員のうち、次に掲げるすべての要件を満たして、かつ経営に従事している者。

⑴農業法人の株主グループ（1人の株主とその親族等のこと）を所有割合の大きいものから順に並べて第1位から第3位まで合計したときに、従業員の所有割合が50％超となる株主グループに属している。

⑵従業員が属する株主グループの所有割合が10％超。

③従業員の所有割合が５％超。

それなら、役員に賞与を支払って農業法人の利益を圧縮しようと考えるかもしれない。

実は、事前に、事前確定届出給与の届出書を税務署に提出しておけば、役員に対して賞与を支払うこともできるのだ。ただし、事前確定届出給与の届出書は提出期限があり、次のいずれか早い日までとなる。

①定時株主総会の決議をした日から1ヵ月以内。

②その事業年度の開始の日（役員の職務執行の開始日）から４ヵ月以内。

ということで、基本的には定時株主総会で事前確定届出給与の金額を決定するしかない。それなら、賞与ではなく12等分して給料として支払っても同じではないかと考えるが、そうではない。例えば、役員の給料を月額50万円としておき、事前確定届出給与として、12月に２００万円を支払うとしておく。そのうえで、農業法人の利益が多ければ支払うことにして、利益が少なければ支払わなければよい。ここでの最大のポイントは、中途半端な金額は支払わないこと。事前確定届出給与として届け出た２００万円のうち、仮に１００万円のみを支払ったりすると、その全額が経費として計上できない。

なお、事前確定届出給与の届出書には支払う日も記載する。支払いが1日でもずれると全額が経費に認められなくなるので、注意が必要だ。

農業法人　運営

出張したときの出張手当には、所得税がかからない

会社員が泊まりがけで出張すると、会社から出張手当がもらえるケースが多い。出張には宿泊費や交通費以外に食事代や雑費が別途かかる。出張手当はこれを補てんするために支払われ、日当とも呼ばれる。家に帰れずに遠い場所に出向き、宿泊した労をねぎらうという意味も含まれる。

出張手当をもらった会社員には、それに対する所得税も社会保険料もかからず、支払った会社は旅費交通費として経費に計上できる。**しかも、出張手当を出すことに税務署への届出も必要なく、就業規則の旅費規程で支払う金額を決めておくだけでよい。**今まで出張手当を支払っていなかった会社もすぐに導入できる。

農家でも、スーパーへの営業、他の農家の視察など、出張の機会も多いだろう。そのたびに出張手当を支払えば、少額の出張手当であっても1年間の累計ではかなりの節税効果がある。気をつけたいのは、個人事業主の農家の場合だ。従業員には出張手当を支払うことができるが、自分や配偶者に対して出張手当を支払うことはできない。

一方、農業法人を設立すると、代表取締役に対してでも出張手当を支払うことができる。このとき、注意すべきことが3つある。

❶従業員も含めて全員を対象にする

出張手当をもらえるのが役員や特定の従業員に限定すると、これは給料とみなされ、所得税も社会保険料もかかり意味がない。すべての従業員に対して出張手当を出すことが大前提なのだ。しかし、従業員に役員と同額の出張手当を出す必要はなく、差をつけてかまわない。

さらに、**宿泊料の実費をあとで精算するのではなく、出張手当に含めて一律に支払うことができる。**実際の宿泊料との差額は本人が無税で受け取ることができ、この金額も役員

と従業員で差をつけてかまわない。

❷妥当な金額を支払う

出張手当の金額をあまりに高額にすると税務上否認される。一般的に参考とされているのは「国家公務員等の旅費に関する法律」に記載されている表だ。

［国家公務員等の旅費に関する法律（日当、宿泊料及び食卓料）］

単位：円

区分		日当（一日につき）	宿泊料（一夜につき）		食卓料（一夜につき）
			甲地方	乙地方	
内閣総理大臣等	内閣総理大臣及び最高裁判所長官	3,800	19,100	17,200	3,800
	その他の者	3,300	16,500	14,900	3,300
指定職の職務にある者		3,000	14,800	13,300	3,000
七級以上の職務にある者		2,600	13,100	11,800	2,600
六級以下三級以上の職務にある者		2,200	10,900	9,800	2,200
二級以下の職務にある者		1,700	8,700	7,800	1,700

内閣総理大臣で1日の日当が3800円、宿泊料1万9100円、食卓料として3800円となっている。これを基準にすれば、一泊すると日当で7600円、宿泊料で1万9100円、夕食代としての食卓料で3800円を支払うことができる。実際には、役員の日当はもう少し高めに設定している会社も多い。ただし、食卓料は取引先と食事をして交際費として計上するならば、支払うことはできない。あくまでも夕食代は実費精算しないことが前提だ。

従業員に対しては、上の表のいちばん下のクラス「二級以下の職務にある者」が参考になる。

また、海外出張の場合、距離にもよるが内閣総理大臣の1日の日当が8100円～1万3100円となっている。これを基準にすると、仮に農業法人の代表取締役が3泊4日の海外出張に行った場合、日当だけで5万2400円を支払うことができる。海外出張が多ければ、無税でもらえるお金をかなり増やせるのだ。

❸出張と認められる距離を決める

出張手当は何kmから対象にできるかを就業規則で入れる必要があるが、これには決まりがない。1泊から、100kmから、などと自由に決めることができる。**日帰りであっても距離が遠いという理由で出張手当を出してもまったく問題はない。**

今まで農業法人の出張手当を設定していなかったのなら、今すぐ就業規則の旅費規程を見直すべきだろう。

農業法人　運営

農業法人で社宅を借り上げて転貸する

個人事業主の農家がアパートを借りて住んでも、賃貸料は本人の生活費となり経費にはならない。自宅を購入しても、事務所として使わない限り、固定資産税、建物の減価償却費などは経費にならない。一方、農業法人が役員や従業員が住むためのアパートを借りた場合、大家に支払う賃貸料は経費となる。また、役員や従業員が住む自宅を農業法人が購入して貸した場合も、固定資産税、建物の減価償却費は経費となる。これらは社宅と呼ばれるが、次の2つの条件を満たさなければ本人たちの給料とされるので気をつけたい。

❶農業を遂行するために必要である

農業法人が役員や従業員のために社宅を借りたり、購入する目的が、農業を遂行するためでなくてはならない。

❷最低限の賃貸料を受け取る

例えば、旅館などは従業員が常に早朝や深夜に勤務するため、住み込みで働くことがある。この場合は業務を遂行するうえでの社宅が必要となるため、従業員に無償で貸して問題ない。また、病院などでも、急患対応のために医師や看護師が待機する社宅が必要なら無償で貸してよい。

これに対して農業法人の場合は、旅館などと比べると深夜早朝の勤務が少なく、病院と比べて緊急性もそれほど高くないとされ、**役員や従業員に社宅を貸したら最低限の賃貸料を受け取らなければいけない。**

●役員に社宅を貸した場合

役員に社宅を貸す場合、小規模なものかそれ以外のものかで、最低限の賃貸料の計算が変わる。小規模な住宅とは、建物の法定耐用年数が30年以下の場合は床面積１３２㎡以下。法定耐用年数が30年超の場合は、床面積が99㎡以下の社宅を指す。

役員に貸与する社宅が小規模な住宅である場合には、次の(ア)～(ウ)の合

［農業法人で社宅を借りる場合］

計額が最低限の賃貸料となる。

(ア)その年度の建物の固定資産税の課税標準額×0・2%。

(イ)12円×その建物の総床面積／3・3㎡。

(ウ)その年度の敷地の固定資産税の課税標準額×0・22%。

役員に貸す社宅が小規模ではなく、農業法人が所有する場合は次の(ア)と(イ)の合計額の12分の1が最低限の賃貸料となる。

(ア)その年度の建物の固定資産税の課税標準額×12%。ただし、法定耐用年数が30年超の建物の場合には10%。

(イ)その年度の敷地の固定資産税の課税標準額×6%。

役員に貸す社宅が小規模ではなく、農業法人が賃貸する場合は、前の(ア)と(イ)の合計額の12分の1と、大家に支払う賃貸料の50%を比べて多い金額が最低限の賃貸料となる。

●従業員に社宅を貸した場合

次の(ア)～(ウ)の合計額が最低限の賃貸料となる。

(ア)その年度の建物の固定資産税の課税標準額×0・2%。

(イ)12円×その建物の総床面積／3・3㎡。

(ウ)その年度の敷地の固定資産税の課税標準額×0・22%。

実際に役員や従業員から受け取る最低限の賃貸料を計算すると、大家に支払う賃貸料の10分の1になることもめずらしくない。役員や従業員の給料をその差額分について下げたとしても、給料の額面収入は変わらず、所得税と社会保険料だけ削減でき手取りは増える。農業法人も負担する社会保険料が減らせるのだ。

農業法人　運営

社員旅行や人間ドックの費用は福利厚生費となる

農業法人の従業員の健康管理は重要なことだ。役員とすべての従業員に一般の健康診断を受けさせ、さらに一定以上の年齢の役員と従業員に年に1回の人間ドックを受けさせるとしよう。すると、**健康診断も人間ドック費用も福利厚生費となるのだ。**

重要なのは、対象となるすべての従業員に受けさせること。役員や特定の従業員だけでは給料として認定されて所得税がかかってしまう。

また、農業法人が従業員を慰安旅行に連れていくこともあるだろう。次の4つの要件をすべて満たせば、費用は福利厚生費として経費になる。

❶旅行の期間が4泊5日以内

社員旅行が国内旅行であれば、4泊5日以内であること、海外旅行であれば、外国での滞在日数が4泊5日以内でなくてはいけない。

❷参加した人数が全体の50％以上

社員旅行はすべての従業員が参加できることが必要となる。そのうえで、実際に全体の50％以上が参加しなくてはいけない。役員だけ、特定の従業員だけの社員旅行は福利厚生費とはならず、それぞれの給料とみなされる。

このとき、農業法人に支店があれば、本店や支店ごとに社員旅行に行ってもよく、その単位で50％以上が参加していればよい。

❸旅費が高額すぎない

あまりに旅費が高額な社員旅行は福利厚生費とはならない。ここでの高額とは、裁判事例などから1人15万円を超えるものと考える。ただし、これは農業法人の負担額であり、自己負担の部分があってもよい。

例えば、海外旅行で1人25万円の費用がかかるとする。そのうち、農業法人が15万円を負担して、残りの10万円は旅行に参加する役員と従業員が個人で負担するという方法でも問題がない。

❹不参加者に金銭を支払わない

社員旅行に参加できなかった従業員に対して、補てんとして金銭を支払ってはいけない。支払ってしまうと、受け取った不参加者だけではなく、参加者もそのお金を給料でもらったとして所得税がかかってしまう。

ここまでは慰安旅行を前提として説明したが、他の農業施設を視察するなどの研修旅行という場合は、役員や特定の従業員のみを対象にしてもよく、1人15万円という金額の上限もない。とはいえ、**慰安旅行ではないということを証明するために、研修した結果のレポートや写真を撮影して保存しておくべきだろう。**

なお、農協などが主催する観光が主な団体旅行は、研修旅行とはならない。役員や特定の従業員だけが参加するケースが多く、交際費となる。

[社員旅行が福利厚生費となる要件]

業務上の研修旅行に該当 ただし、研修と主張するための資料を準備する必要がある	→	**研修費**
次の４要件に該当する慰安旅行 ①旅行の期間 国内旅行：4泊5日以内 海外旅行：外国での滞在日数が4泊5日以内 ②旅行に参加する人数 役員とすべての従業員が参加可能かつ 実際の参加者が全体の50％以上 ③旅費の妥当性 社会通念上、妥当な金額で目安の上限は15万円 ④金銭の不支給 旅行への不参加者に金銭を支給していない	→	福利厚生費
同業者団体が主催する旅行に参加または 取引先と一緒に旅行に行く	→	**交際費**
上記のいずれにも該当しない	→	**給料**

農業法人　運営

病気や災害の見舞金には税金がかからない

屋外で作業する農業は、役員や従業員がケガをして入院することもある。このとき、**3つの要件を満たせば、農業法人から見舞金を支払うことで福利厚生費として計上できる。**受け取った役員や従業員については給料とみなされず、所得税や社会保険料がかからない。なお、個人事業主の農家の場合には、自分に見舞金を支払うことはできない。

❶労働の対価と認められないこと

見舞金が労働の対価とみなされてはいけない。例えば、従業員の本来の給料が月額30万円のところ、それを25万円に減額して、見舞金を5万円支払う場合が該当する。これは給料のうち5万円を非課税にするためだけの行為なので認められない。

また、月額給料が20万円の従業員には2万5000円、40万円の従業員には5万円の見舞金を支払ったとする。これは給料の額に比例するため、やはり労働の対価とみなされる。

❷就業規則で明らかにすること

農業法人が支払ったお金が、見舞金であることを証明する必要がある。そのためには、就業規則にケガをした役員や従業員には見舞金を支払うと明記しておく。このとき、役員や特定の従業員のみを対象にしてはいけない。すべての役員と従業員に見舞金を支払う必要がある。

さらに、個人の確定申告で医療費控除という制度がある。この医療費控除は給料から差し引くことができるため、役員や従業員が自分の所得税について、経費として計上できたこととほぼ同じとなる。ただし、生命保険の医療保険に加入していた場合、入院すれば入院給付金を受け取り、そのあとも通院日数に応じた給付金を受け取るだろう。これは「保険金などの補てん金」に当たるため医療費控除から差し引く必要がある。

同様に、農業法人が支払う見舞金

[医療費控除の計算式]

医療費控除
＝1年間で実際に支払った医療費の合計額－(1)－(2)

(1)保険金などで補てんされる金額
例えば、医療保険による入院費給付金、健康保険による高額療養費・家族療養費・出産育児一時金など
(2)10万円
ただし、その年の総所得金額等が200万円未満の人は、総所得金額等の5%の金額

[就業規則の具体例]

就業規則
第ＸＸ条（傷病見舞金）
役員又は従業員が傷病にかかった場合で、かつ医師の診断書等その傷病の事実を証明する書類を提出した場合には，次のとおり見舞金を贈呈する。
①業務上の傷病による欠勤が2日以上に及ぶとき……………………20,000円
②通勤途上災害による欠勤が3日以上に及ぶとき……………………10,000円
③私傷病による欠勤が7日以上に及ぶとき……………………………5,000円
④傷病により、手術のために入院したとき……………………………30,000円
(2)前各号は重複を妨げない。
(3)日数計算は、会社の休日を含む暦日数による。

が入院費や通院費に応じて計算されると、医療費控除を計算する際の「保険金などの補填金」に含まれてしまう。治療費の補填が目的で、保険金と同じ性質と見られるためだ。

そこで、入院1回につき一定額を農業法人が支払うなどとしておけば、治療費補填が目的とは見られず、医療費控除の計算の際に「保険金などの補填金」に含めなくてもよくなる。

❸見舞金の金額が高額ではない

見舞金の金額は、社会通念上、妥当な範囲内でなければいけない。国税不服審判所では、見舞金としての社会通念上の妥当な金額は入院1回につき5万円と判断されている。しかし、**5万円が絶対的な上限ではなく、あくまでも目安と言える。**なお、役員と従業員で見舞金の金額に差をつけることは問題ない。

農業法人　運営

従業員に決算賞与を支払うと未払計上できる

農業法人では、役員と従業員のそれぞれに対して賞与を支払うことができるが、注意点がある。

役員への賞与は、定時株主総会の決議の日から1ヵ月以内、もしくは事業年度開始日から4ヵ月以内のどちらか早い日までに、支払いの日付と金額を税務署に届け出ることで経費に計上できる。これは、事前確定届出給与と呼ばれる。これに該当しない場合には、役員への賞与は経費にならず法人税が課税され、さらに所得税もかかるため二重課税となる。

従業員については、農業法人が支払った賞与はすべて経費として認められる。また雇用契約書で賞与を支払うことが決まっていたとしても、通常は「農業法人の財政環境等を鑑みて支給する」という文言が入っているため、事前に金額まで確定しているとは言えないが、**とにかく従業員に支払った賞与は、そのときの経費として認められる。**ただし、支払った日の経費であり、未払計上は認められていない。原則は、例えば、農業法人の決算日が12月末で、今年は儲かったので通常の賞与に加えて、翌年の1月に決算賞与を支払うことにしたとする。その場合、原則として決算賞与は今年度の経費ではなく、翌年度の経費となるのだ。その決算賞与が、今年度の労働に対するものであったとしてもだ。ただし例外があり、次の3つの要件を満たす決算賞与は、今期に未払金として計上できることになっている。

❶賞与の支給額を通知する

決算日までに、対象の全従業員に支給額を書面やメールで通知しなければならない。賞与を支払わない従業員には、通知しなくてよい。

❷決算日後1ヵ月以内に支給する

決算日に在籍していた従業員に対して、その日から1ヵ月以内に賞与を支払わなければならない。注意す

[決算賞与を未払計上する]

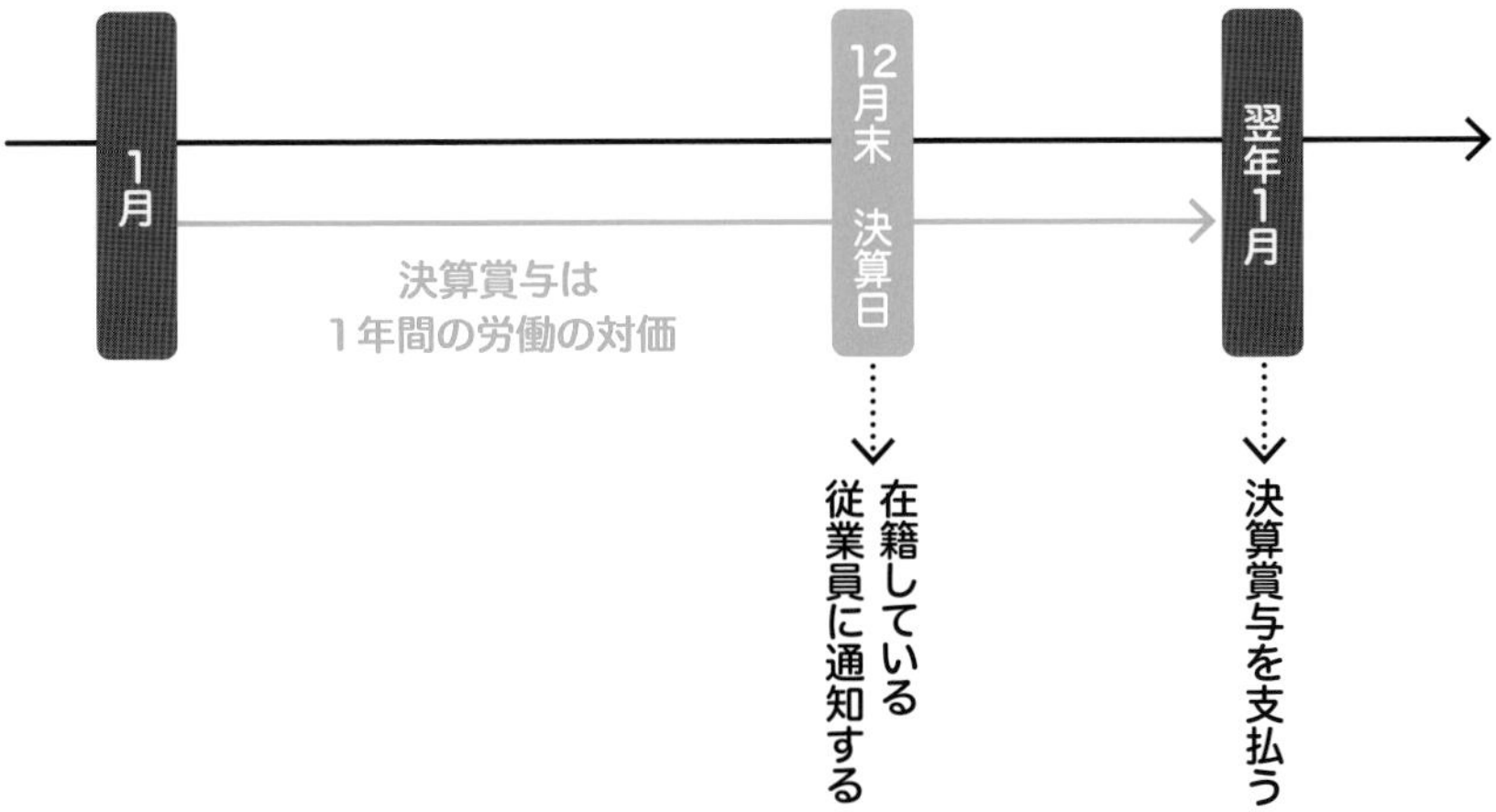

[就業規則の具体例]

就業規則
第XX条（賞与規程）
　賞与は、会社の業績と従業員の勤務成績に基づいて、原則として毎年、夏期及び冬期に支給する。ただし、会社の業績の著しい低下その他やむを得ない事由がある場合には、支給しないこともある。
(2)賞与は、支給算定期間に在籍し、かつ賞与の支給日に在籍している従業員に支給する。ただし、決算賞与については、この限りではない。

べきなのは、未払で計上するため、決算日に在籍していた従業員に支払うものであり、賞与の支払日に在籍している従業員ではない点だ。**決算日には在籍していたが賞与の支払日までに退職した従業員がいても、決算賞与を支払わなくてはいけないのだ。**これについては、就業規則を見直し、決算賞与は通常の賞与と違う取り扱いを定めておく必要がある。

❸経費に計上する

　実際に、決算書に未払金の賞与として計上しておかなければならない。

　これにより、その事業年度で儲かった利益を無駄なく従業員に配ることができる。来年のやる気を引き出すためにも、決算賞与をじょうずに利用しよう。なお、役員に対する決算賞与は3つの要件をクリアしても未払金としては計上できない。

農業法人　運営

農業法人は交際費と認められる範囲が広い

個人事業主の農家でも、農業法人の役員でも、取引先や従業員、関係者などと会食に行くだろう。このとき、個人事業主の農家には1年間で経費に計上できる交際費の上限はない。極端な話をすれば1年間に1000万円の飲食費を使っても認められる。

一方、農業法人は、資本金の金額によって、交際費が経費に認められる上限が決められている。**農業法人の多くが資本金1億円以下で設立されているので、1年間で800万円までの交際費が認められる。**

また、1人当たり5000円以下の飲食費であれば会議費となり、交際費には含まれないので、実際には800万円超の飲食費を使っても、経費として計上できることになる。

とはいえ、農業法人が1年間で800万円超の交際費を使うことは想定されず、個人事業主に比べて不利とは言えない。それよりも、交際費の内容が問題となる。

実は、個人事業主の農家の所得税には必要経費という考え方がある。必要経費とは、「収入を得るために直接必要な売上原価や販売費及び管理費のこと」と定義されている。

例えば、近隣で農業を行っている友人と居酒屋に行き、これからの農業経営について話し合ったとする。ここで問題となるのが、それが本当に事業に「直接」必要なものだったのか、ということだ。わざわざ食事をしながら話し合う内容だったのか、その結果、農業収入がどれだけ上がったのかを税務調査で問われるのだ。

必要経費に関する東京地裁の判決でも、不動産賃貸業の個人事業主が経費に計上した車両の維持費用、インターネット利用料、電話代などが事業と「直接的」な関連がないとして経費には認められないとされている。とすれば、友人と居酒屋に行く

[交際費の上限金額]

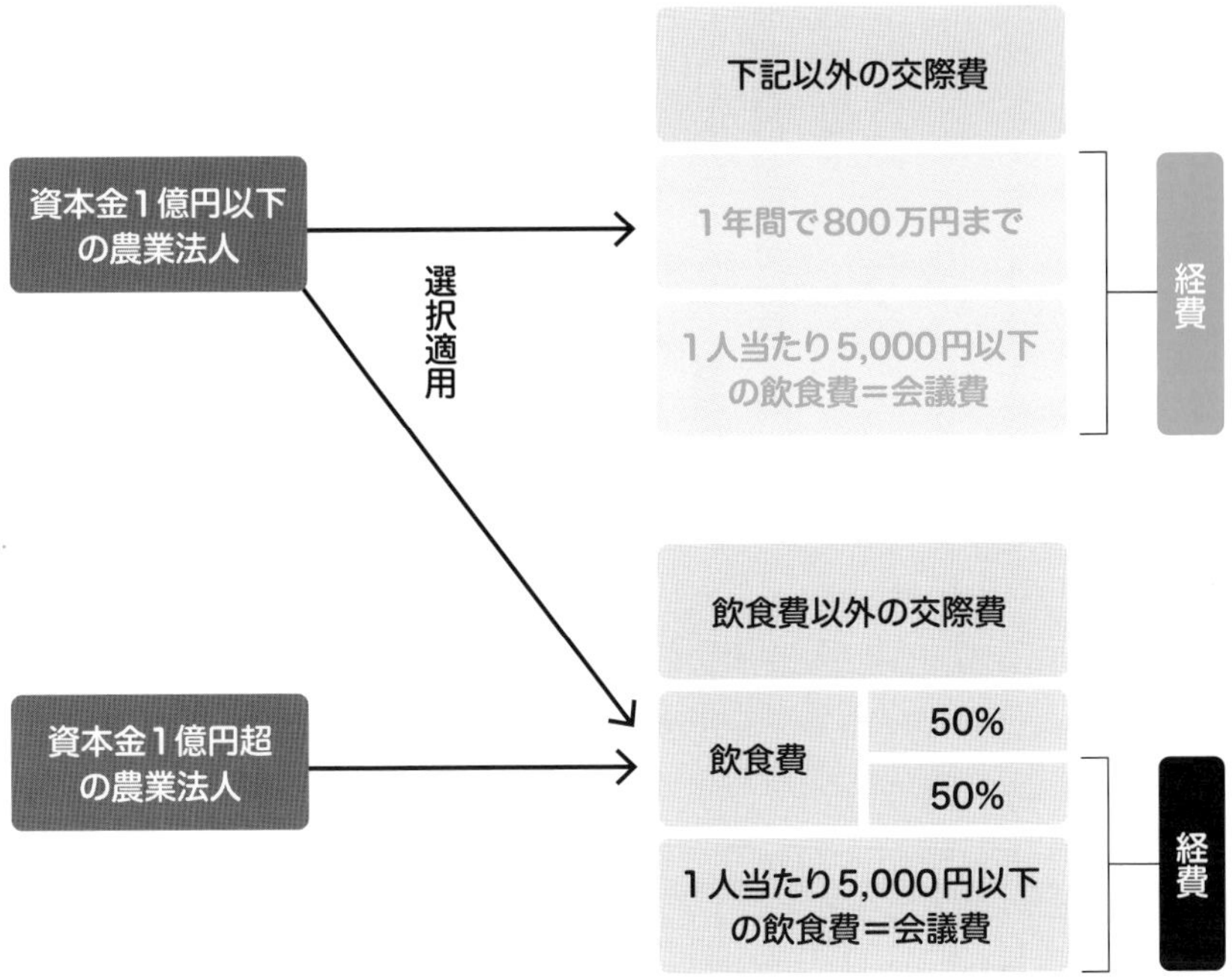

1人当たり5,000円以下の飲食費は、会議費となる

ことが農業と直接的な関連性が濃いと立証することは難しいだろう。

それとは違い、法人税には収入を得るために「直接」必要な費用でなければいけないという規定がない。農業法人は営利を目的とするため、利益を稼がない行為は行わないということが大前提だからだ。このことから、法人税では「支出の目的、相手、方法」がわかれば、交際費と認めると定義されている。つまり、**農業法人の場合、支出の相手先が農業に関連する人なら、収入に直接的な関連がなくても交際費に計上できる**のだ。もちろん、農業に関係ない同窓会などの飲食費は経費にならないが、所得税に比べれば認められる範囲は広くなる。いずれにしても税務調査で指摘されないよう領収書には、誰と何人で行ったかを書き留めよう。

農業法人 運営

農業法人は赤字を調整して、黒字と通算できる

個人事業主の農家でも、農業法人でも、車両や農業機械などの固定資産に投資することが多い。10万円以上の固定資産を購入すると一度には経費にならず、税法で決められた耐用年数で減価償却という方法で経費を計上していく。ただし、**農業法人は減価償却費の金額を毎年、自由に調整できる。**例えば、左ページの表のような損益の農業法人を想定してみよう。1年目、3年目、4年目は通常の収穫ができたが、2年目だけは天候不順や台風などの災害によって売上が大幅に下がってしまったと仮定する。2年目は、代表取締役の給料はゼロとしたが、パートの従業員には給料を支払わなくてはいけない。また収穫寸前まで経費はかかったため、2年目は大きく赤字が発生した。

このとき、農業法人であれば、2年目の赤字は将来10年間も繰り越すことができる。資本金が1億円以下の農業法人なら、翌年度から利益に対して赤字を制限なく通算できる。そのため、3年目、4年目では500万円の利益が出ても法人税はゼロ円。これなら10年間で3000万円の赤字は使える見通しとなった。

ところが、5年目にまた災害によって2年目と同じ売上に落ち込んだとしよう。再び3000万円の赤字となったが、2年目の赤字がまだ2000万円も残っているため、将来、合計5000万円の黒字を出さないと消えてしまう。その自信がなければ、農業法人の場合は減価償却費を1円も計上しないことで、5年目の赤字を2000万円に圧縮できる。

もし将来が見通せないのであれば、2年目の赤字も減価償却費を調整して圧縮しておけばよい。この減価償却費の計上の選択は事業年度の最初に行う必要もなく、決算書を税

［農業法人の４年間の損益状況］

	1年目	2年目	3年目	4年目
売上高	5,000万円	1,000万円	5,000万円	5,000万円
給料合計	1,000万円	500万円	1,000万円	1,000万円
給料以外の経費	2,500万円	2,500万円	2,500万円	2,500万円
減価償却費	1,000万円	1,000万円	1,000万円	1,000万円
税引前利益	500万円	▲3,000万円	500万円	500万円
法人税	150万円	0円	0円	0円
税引き後利益	350万円	0円	500万円	500万円

［農業法人の５年目の損益状況］

	5年目
売上高	1,000万円
給料合計	500万円
給料以外の経費	2,500万円
減価償却費	0円
税引前利益	▲2,000万円
法人税	0円
税引き後利益	0円

＋ 繰越された赤字 ▲2,000万円 → 繰越された赤字 ▲4,000万円

務署に提出するまでに決めればよい。2分の1だけ、3分の1だけなど、上限までの金額なら自由に調整できる。

一方、個人事業主の農家の場合には、赤字は3年間のみ繰り越せる。上の表のような損益状況だと、2年目の赤字を3年目と4年目の利益と通算できるが、5年目に赤字が発生すると、2年目の残りの赤字1000万円は切り捨てられてしまう。しかも、**個人事業主は減価償却費を任意に計上はできず、強制的に上限金額が計上されてしまう。**つまり、赤字を調整することができない。

農業は、天候や突発的な事故で赤字になることがある。それを調整できるという観点から見れば、個人事業主ではなく、農業法人として経営したほうが断然有利と言える。

農業法人　運営

30万円未満の固定資産は購入時に全額経費になる

個人事業主の農家でも農業法人でも、原則として、使用可能期間が1年以上で、かつ1個10万円以上の固定資産を購入したときは一度に経費とはならない。税法上の耐用年数の期間に亘り、減価償却費として月数按分して経費に計上される。例えば、12月末が決算日の農業法人が12月に20万円の刈取機を購入したとする。耐用年数は7年となり、農業法人の場合は定率法を使うため初年度の償却率は０・２８６となる。この結果を12分の1に按分するため、購入した年には４７６６円の減価償却費しか計上できない。

ただし、青色申告を行う中小企業者が1単位当たり30万円未満の固定資産を購入した場合は、1年間の累計額が３００万円までという限度はあるが、減価償却ではなく全額を経費として計上できる。中小企業者の定義は、「常時使用する従業員の数が５００人以下の個人事業主の農家、または資本金が1億円以下の農業法人」なので、ほとんどの場合で対象となるはずだ。

最大のポイントは「1単位当たり」の定義だ。何を1単位として30万円未満を判定するかで、税務署と争う事例が多数ある。国税庁のホームページでは次のように解説されている。

通常1単位として取引されるその単位ごとに判定します。例えば、応接セットの場合は通常テーブルと椅子が1組で取引されるものですから、1組で判定します。また、カーテンの場合は1枚で機能するものではなく、一つの部屋で数枚が組み合わされて機能するものですから、部屋ごとに判定します。

ということは、テーブルや椅子を同時に購入しても、応接セットでなければ別々に取引するので、1個ごとに30万円未満の判定ができることになる。さらに、次のようなさいたま地裁の判決がある。

前提：衣料品販売のチェーンストアの経営を行う会社が、各店舗内に防犯用ビデオカメラを設置した。そのときのビデオカメラ、コントローラー、テレビ、ビデオ、接続ケーブルで構成され、購入価額は左記の通りであった。

○カメラ（1台）：4万8500円〜5万900円

○コントローラー：3万1000円〜3万9100円

○テレビ：1万5000円〜2万8400円

○ビデオ：1万8600円〜2万円

○20m接続ケーブル：2000円程度

税務調査では、「カメラ、コントローラー、テレビ、ビデオ、接続ケーブルは一体で機能しているので、全体で30万円未満の判定をする」として、全額経費計上した処理を否認したが、さいたま地裁は次のように判断している。

①防犯用ビデオカメラ等は監視目的のために接続ケーブルにより接続されているに過ぎず、その構造的、物理的一体性は稀薄。

②カメラ、テレビ、ビデオにはそれぞれ独立した機能があり、特にテレビやビデオは一般的に単独で取引単位となるものである。

③応接セットなどの場合とは異なり、それらの組み合わせが取引の常態とはいえない。

④テレビ、ビデオについては監視用として長期間の連続運転に耐えられるように製作されたものではなく、普通の家庭用の安価なものである。そのため、1品ごとの通常の取引価額により判定すれば問題ない。

⑤防犯用ビデオカメラ等は全体として監視目的のため一体的に使用されているといっても、それ全体で1つの固定資産と扱うことは合理的とは言えない。

以上より、カメラ、ビデオ、テレビは別々に器具備品として取り扱って差し支えない。

この判決のポイントは、全体として機能していても、①構造的、物理的一体性はどうであるか？②個々で独立した機能があるか？③単独で取引されることが通常か？という観点で30万円未満の判定をしたことだ。農業用の固定資産を購入したときにもこの観点で30万円未満を判断してよいことになる。

農業法人　運営

一括償却資産の特例を最大限に活用する

個人事業主の農家でも農業法人でも、固定資産を購入した場合には、減価償却という方法で経費に計上していく。ただし、固定資産の取得金額によっては特例が認められている。

❶10万円未満の固定資産

原則として、10万円未満の固定資産は無制限で経費として計上できる。ただし例外として、10万円未満の固定資産でも、すぐに他人に貸し付けて賃貸料を取るものは、耐用年数に亘って減価償却することになる。

このとき**10万円の判定は通常、取引されている単位で判定できる。**例えば、高額な材質の農業用のアニマルネットを1巻5万円で購入するとする。農地の周りに張るために1巻ではなく１００巻を一度に買ったとすると５００万円となる。アニマルネットはつなげて使うものだが、１００巻ごとに販売されているわけではない。しかし、1巻でも動物を寄せ付けないという機能を果たす。このことから、1巻ごとに判定してよいことになり、それぞれ10万円未満となるので購入時に５００万円全額が経費として計上できる。

❷10万円以上30万円未満の固定資産

個人事業主と、資本金が1億円以下の農業法人であれば、30万円未満の固定資産は一度に経費に計上できる。ただし、1年間の上限金額が３００万円と定められている。これを少額減価償却資産の特例と呼ぶ。

❸10万円以上20万円未満の固定資産

10万円以上20万円未満の固定資産は、一括償却資産として36ヵ月で均等に償却することができる。例えば、18万円のパソコンを購入したら、毎月５０００円を減価償却費として計上することになる。

18万円×1／36ヵ月＝５０００円

この一括償却資産の特例は、1年間で適用できる上限金額が定められていない。そのため、1年間の一括

[固定資産の金額による取り扱い]

	減価償却	適用の上限金額	資産計上	固定資産税
10万円未満	対象外	上限なし	計上しない	非課税
一括償却資産の特例 10万円以上20万円未満	3年間の 均等償却	上限なし	計上する	非課税
少額減価償却資産の特例 10万円以上30万円未満	対象外	年間300万円	計上しない	課税
30万円以上	耐用年数で 償却	上限なし	計上する	課税

償却資産の合計金額が何百万円でも、それぞれ36ヵ月で償却できる。

このとき、30万円未満なのだから、少額減価償却資産の特例の対象になるはずではと考えるかもしれない。確かに、1年間の上限金額に達していなければ、適用してもよいだろう。

個人事業主の農家も、農業法人も1月1日時点で所有している固定資産には固定資産税を支払う義務がある。農地や農業用倉庫を所有していると5月くらいに市町村から自動的に支払いの明細書が送られてくる。

それとは違い、不動産以外の固定資産については、1月中に自らが「償却資産の申告」を市町村に提出する。ここには、10万円以上の不動産以外の固定資産を記載する必要がある。このとき、**一括償却資産として区分されたものは、10万円以上の固定資産であるが、対象から除かれる。**

一方、少額減価償却資産の特例を選択した固定資産は、決算書には計上されていないが、償却資産の申告には記載し税率1・4%の固定資産税の対象となる。少額減価償却資産の特例の上限金額である300万円でも1・4%をかけると1年間で4万2000円の固定資産税がかかる。

一括償却資産を選択すると、すぐに経費に計上できないため、所得税や法人税はかかるが、3年間を通算すれば支払うべき税金は同じとなる。

ということで、どちらを選択するか判断するのだが、ポイントがある。それは、パソコンのソフトウエアなどの無形固定資産は、固定資産税がかからないということだ。これらは一括償却資産ではなく、優先的に少額減価償却資産の特例を適用すべきだ。

農業法人　運営

中古の固定資産を購入すれば、耐用年数は短くなる

個人事業主の農家でも農業法人でも、農業機械、車両、農業用倉庫などの固定資産を購入すると、税務上の耐用年数の規定により、減価償却費として毎年経費に計上していく。

とすれば、減価償却を行う耐用年数が短いほうが、経費となるスピードが速くなる。すべての期間に計上された減価償却費を合計すれば同じ金額とはなるが、できるだけ早く経費化して節税したほうが資金繰りはよくなるはずだ。耐用年数を短くする方法は、大きく2つある。

❶建物本体と建物附属設備を分ける

農業用倉庫を建てたり、購入するときに、建物本体と建物附属設備に分けて計上する。建物附属設備とは建物と一体となって機能する附属設備を指す。具体的には、電気設備、給排水設備、ガス設備、天井埋め込みの冷暖房、エレベーターなどだ。

例えば、重量鉄骨造りの農業用倉庫の場合、建物本体は31年の耐用年数だが、電気設備、給排水設備、ガス設備の耐用年数は15年となる。一般的には、建築した全体の取得価額のうち、建物本体が70%、建物附属設備が30%になるという統計データがあるが、これをそのまま適用すると税務調査のときに否認されるリスクがある。根拠となる資料を準備して、それに従って区分すべきだ。基本的には、建築会社が作成している建築請負書があれば充分だ。

さらに、建物附属設備だけではなく、塀や門扉、花壇、アスファルト敷は構築物として、壁掛けのエアコンは器具備品として区分できる。構築物や器具備品となれば、耐用年数が短くなるだけではなく、定率法という償却方法が使えて、より経費化するスピードを速くできる。

❷中古の固定資産を購入する

農業用倉庫を新築したり、新車のトラックや新品の農業機械を購入す

[建物と建物附属設備を区分]

前提：1億円で重量鉄骨の農業用倉庫を建築した
建物本体の取得価額：7,000万円（耐用年数31年）
建物附属設備の取得価額：3,000万円（耐用年数15年）
定額法の減価償却費の計算方法
1年間の減価償却費＝取得価額×耐用年数に応じた定額法の償却率

ケース1
建物本体と建物附属設備を区分しない
1年間の減価償却費＝1億円×0.033＝330万円

↑

1年間で102万円（＝432万円－330万円）も違う

↓

ケース2
建物本体と建物附属設備を区分する
建物本体の減価償却費＝7,000万円×0.033＝231万円
建物附属設備の減価償却費＝3,000万円×0.067＝201万円
1年間の減価償却費＝231万円+201万円＝432万円

るのではなく、あえて中古の固定資産を購入する方法もある。中古の固定資産の耐用年数は、次の計算式を使ってよいことになっているからだ。

(1)法定耐用年数の一部を経過した固定資産
法定耐用年数－経過年数＋経過年数×20％
(2)法定耐用年数の全部を経過した固定資産
法定耐用年数×20％

例えば、20年が経過している中古の重量鉄骨造りの農業用倉庫（法定耐用年数31年）を購入すれば、(1)に該当して耐用年数は15年と計算できる。さらに、31年が経過していれば、(2)に該当して耐用年数は6年と計算でき、かなり短い期間で経費化できることになるのだ。

農業法人　運営

改良費は、できるだけ一度に修繕費として計上する

農業で使用している農業機械、車両、農業用倉庫などに対して修理や改良を行うことがある。それが、原状回復のための修繕であれば一度に経費に計上できる。

原状回復とは、例えば、農業用倉庫の壁の塗装などであるが、蛍光灯をＬＥＤランプに交換する場合でも、照明器具の１つの部品を交換したということで修繕費として一度に経費に計上できる。

ところが、農業用倉庫を冷蔵倉庫に改造したり、新しくシャッターを取り付ける場合には資本的支出と呼ばれ、そのもとになった建物と同種類の固定資産を購入したことになる。

これ以外にも農業機械や車両の価値を高めたり、耐久性を増すような修理や改良については資本的支出として修繕費ではなく、固定資産として計上されてしまう。固定資産となれば、そのあと減価償却費として経費に計上されていく。

例えば、重量鉄骨造りの農業用倉庫の耐用年数は31年となるため、シャッターの取り付け費用もその耐用年数で減価償却していく。これでは、農業法人が支出したにも関わらず、資本的支出となれば法人税も支払うことになり資金繰りが悪化する。では、修理や改良であったとしても、資本的支出に区分しない方法はあるのか？

実は、次のどちらかに該当すれば、資本的支出であったとしても修繕費として一度に経費に計上できる。

①１回の支出が20万円未満。
②おおむね３年以内。

20万円未満は少額であるとしても、**おおむね3年以内の周期で修理や改良を行っていれば、一度に経費に計上できることになる。**定期的な周期で修理や改良を行うことは、固定資産の経年劣化を遅らせることにもつながる。

また、修繕費と資本的支出を区分することが難しい修理や改良もある。例えば、農業用倉庫の外壁材を400万円で交換した場合、原状回復というだけではなく、断熱効果や防水効果が格段に改良されることもある。この場合には一部を修繕費として、残りを資本的支出として計上すべきだが、簡単に区分などできない。このとき、2つの特例によってそれぞれの金額が決定できる。

1つ目の特例として、次のいずれかに該当するときには修繕費として計上できる。

①1回の支出が60万円未満。
②その固定資産の前事業年度末の取得価額の10%以下。

この特例にあてはまれば、全額を修繕費として計上できる。このとき、②の取得価額とは最初に購入した金額のことであり、今までの減価償却費の合計を差し引く必要はない。そして、途中で資本的支出を行っている場合には、それも取得価額に合算してよい。この取得価額が大きくなるほど、修繕費として計上できるケースが増える。

ここで注意すべきことは、この1つ目の特例は「60万円未満または取得価額×10%」を修繕費として計上し、残りを資本的支出として区分しているわけではないということだ。その修理や改良が修繕費なのか資本的支出なのか区分できないが、全額を修繕費として計上してもよいという特例なのだ。そのため、1つ目の特例では計算された金額を超えてしまう改良や修繕は、全額を資本的支出として計上することになる。

これに対して、2つ目の特例では次のいずれか少ない金額を修繕費として、残りを資本的支出として計上できる。

①支出した金額の30%。
②その固定資産の前事業年度末の取得価額の10%。

ここでも、②の前事業年度末の取得価額とは最初の取得価額に今までの資本的支出を合算したものを指す。

この2つ目の特例でも注意すべきことがあり、それは毎年継続して選択しなければいけないということだ。それでも、1つ目の特例を適用したものは除くことができる。

つまり、**修繕費なのか資本的支出なのか区分できない修理や改良で、1つ目の特例では全額が資本的支出となってしまう場合、必ずこの2つ目の特例を使うことにしていればよいのだ。**

[修繕費と資本的支出の判定フローチャート]

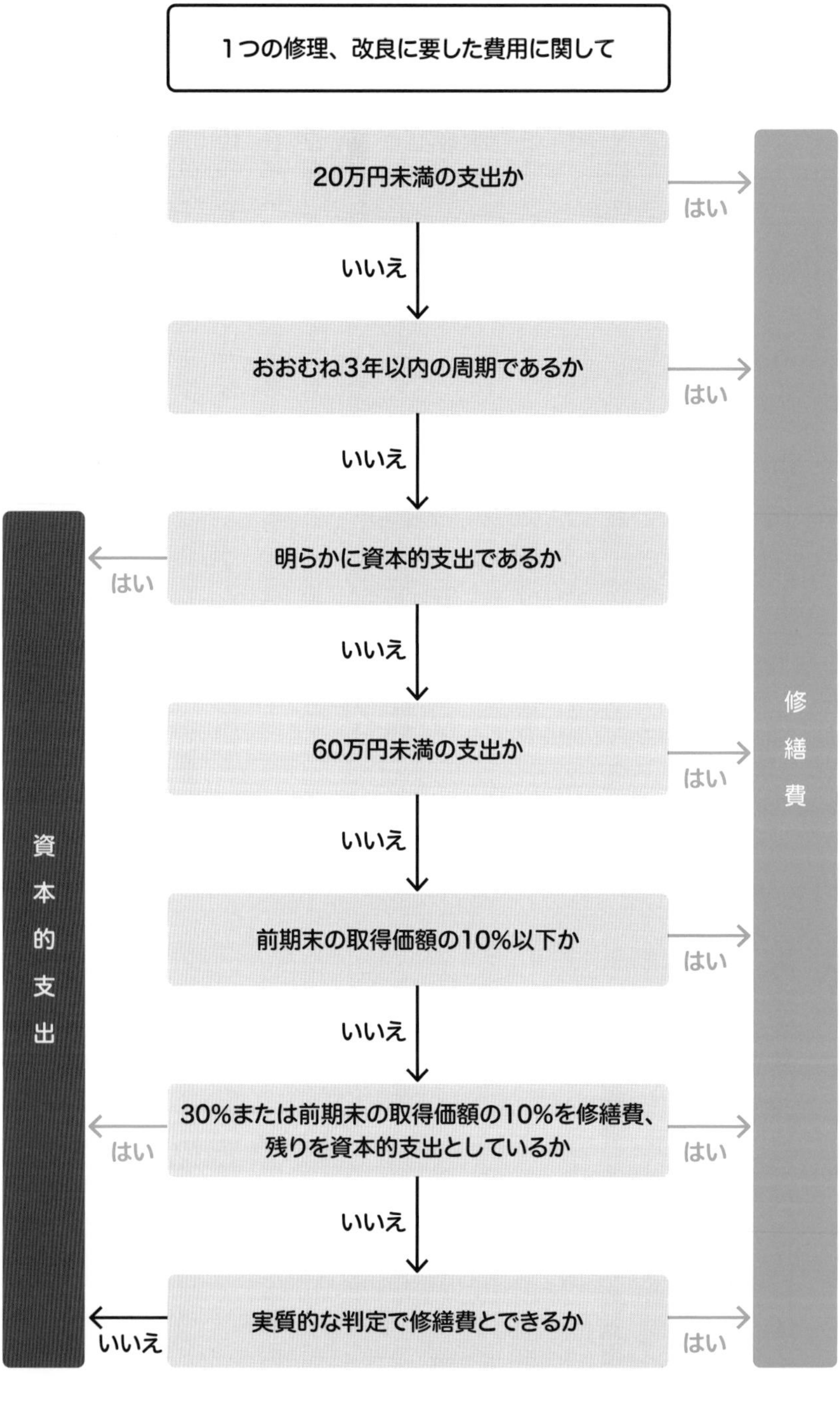

農業法人　運営

農業用の建物や機械を買うための貯金が経費になる

通常、農業法人が交付金を受け取れば、利益として計上されるため法人税がかかる。ところが、**農業経営基盤強化準備金制度を適用すると、対象となる農地等を購入するためにその交付金を準備金として積み立てれば利益がなかったものとされる。**準備金とは会計上の売上高、営業外収益、特別利益という勘定科目で交付金が計上されても、それを紙面上で準備金に名称を変更するという処理のこと。この対象となる交付金は、3種類ある。

そして、農業経営基盤強化準備金制度が使いやすい理由がある。それは、交付金をもらった年度に対象となる農地等を買う必要がないこと。あくまで交付してもらった日の属する事業年度末の翌日から5年以内に使えばよい。使ったときに準備金を農地等の固定資産に振り替えていくが、5年を経過しても準備金として残っているものは、経過したものから順次、利益として計上していく。他の経費があれば通算もできるので、必ず法人税がかかるわけでもない。

また、対象となる農地等（農地以外の固定資産は30万円以上）もかなり広範囲に及ぶ。ただし、途中で税法上の3つの要件を満たさなくなると、準備金が一度に利益に振り替わり、法人税がかかってしまう。

❶農地所有適格法人であること

農地所有適格法人でなければ適用がないため、常にその要件を満たしているかを確認する。

❷認定農業者であること

認定農業者であるというだけではなく、農業経営基盤強化促進法に基づく地域計画において農業を担う者、または地域計画がない場合は、人・農地プランで中心経営体とされている必要がある。それでも、地域における話し合いに積極的に参加すればよく、要件を満たすのは難しく

［農業経営基盤強化準備金制度の対象交付金］

区分	勘定科目	対象となる交付金	交付金の目的
売上高	価格補填収入	畑作物の直接支払交付金（面積支払、数量支払）	生産条件に関する不利を補正するための交付金（ゲタ対策）
営業外収益	作付助成収入	水田活用直接支払交付金	水田で麦、大豆、飼料用米、米粉用米等の作物を生産するための交付金
特別利益	経営安定補填収入	米・畑作物の収入減少影響緩和交付金	収入減少が農業経営に及ぼす影響を緩和するための交付金（ナラシ対策）

［農業経営基盤強化準備金制度の対象農地等］

農地等	・農地 ・採草放牧地（例えば、養畜の事業のための採草、家畜の放牧の目的の土地など）
特定農業用機械等	・農業用の建物、建物附属設備・農業用の構築物 ・農業用設備（器具備品、機械装置、ソフトウエア　例えば、大型の温室、農機具庫、農産物貯蔵庫、果樹棚、ビニルハウス、用排水路、暗きょ、トラクタ、乾燥機、精米機、飼料細断機、農業用低温貯蔵庫、フィールドサーバー、農作業管理ソフトなど）

ない。そして、「認定」が強制的に取り消される事例は、ほとんどない。

❸青色申告であること

税務署への申告を会計事務所に依頼していれば必ず青色申告の届出をするが、自分で申告する場合は届出を失念することがある。青色申告の届出は農業法人の設立から3ヵ月以内が期限。1期目は忘れても翌事業年度から青色申告になるので、すぐに提出しよう。

いちばんの問題は、途中で青色申告を取り消されてしまうことだ。

まず、農業法人が脱税すると、青色申告を取り消されるが、これはあまり事例がない。**次に、農業法人が2期連続で期限後申告をすると、青色申告が取り消されてしまう。**期限後申告とは、決算日から2ヵ月以内に申告書を提出しなくてはいけないところ、それを過ぎてしまうこと。期限後に申告してしまうと、突然、準備金を取り崩されて法人税を追徴されることがある。どんなときでも、申告期限は守るようにすべきだ。

農業法人　運営

廃棄しなくても、除却損を計上できる制度がある

個人事業主の農家でも、農業法人でも、固定資産を購入した場合には、農業で使った日から減価償却を行うことで経費として計上していくことになる。

通常、その減価償却する期間は税務上で定められている耐用年数を使う。この耐用年数は実際の使用可能期間より長いことも多く、途中で使わなくなる固定資産もある。もちろん、廃棄すればその時点の帳簿価額を除却損として経費に計上できる。

しかし実際には、大型の農業機械や冷蔵庫などが故障したまま放置されていることもある。そうなると、農業では使っていないので、減価償却をすることはできない。そのままにしておくと、減価償却されずに残った帳簿価額が、個人事業主の農家や農業法人の決算書の貸借対照表に計上されたままとなる。

ということで、使わなくなった固定資産は、実際に廃棄すべきなのだ。ところが、固定資産のなかには大型だったり、農業用倉庫の壁に据え付けてあったりして、廃棄するときに多額の費用がかかることもある。そのときには、**廃棄せずとも除却損が計上できる有姿除却という制度を使うべきだ。**ただし、次のどちらかの要件を満たさないと認められない。

①その使用を廃止し、今後通常の方法により事業の用に供する可能性がないと認められる固定資産。

②特定の製品の生産のために専用されていた金型等で、当該製品の生産を中止したことにより将来使用される可能性のほとんどないことがその後の状況等からみて明らかなもの。

②については、工場の金型を前提にしているため、農業機械などの場合には①を満たせばよい。

ここでの重要なポイントは、**「今**

は使用していない」だけではなく、「今後も使用しない」ことを証明すること。役員会議の議事録に「今後は機械設備を使用しないと決定した」という記載しかなく、税務調査で否認された事例もある。確実に有姿除却を認めさせるのであれば、例えば、農業機械の動力部分をドリルで破壊して今後は絶対に使えない状態にし、日付入りの写真を撮ればよい。

とはいえ、自分は廃棄を検討するような農業機械などは保有していないと考える人もいるかもしれない。しかし、ソフトウエアのような無形固定資産が計上されているケースは増えている。ソフトウエアの耐用年数は、利用区分に応じて次のようになる。

① 「複写して販売するための原本」または「研究開発用のもの」：3年。

② 「その他のもの」：5年。

一般的な農業の業務で使用するソフトウエアを購入していれば、耐用年数は5年となる。このソフトウエアも使わなくなれば、減価償却を行うことはできない。そのまま貸借対照表に帳簿価額が残っているのなら廃棄に多額の費用がかかることはないので、除却損を計上すべきだ。ただし、次の2つのうちどちらかの要件を満たさないと認められない。

① 複写して販売するための原本となるソフトウエアについて、新製品の出現、バージョンアップ等により、今後、販売を行わないことが社内りん議書、販売流通業者への通知文書等で明らかな場合。

② 自社利用のソフトウエアについて、そのソフトウエアによるデータ処理の対象となる業務が廃止され、当該ソフトウエアを利用しなくなったことが明らかな場合、またはハードウエアやオペレーティングシステムの変更等によって他のソフトウエアを利用することになり、従来のソフトウエアを利用しなくなったことが明らかな場合。

個人事業主の農家であれば確定申告書の決算書に、農業法人であれば固定資産台帳に、固定資産の一覧が記載されている。それで実際に購入した日、過去の減価償却費の累計、現在の帳簿価額まで確認できる。

毎年、これらの書類を見直して、「今も使用しておらず、今後も使用しない」固定資産があれば除却損を計上しよう。

農業法人　運営

決算日に農作物の棚卸資産の評価損を計上できる

農業法人の決算日には、現金を数える実査だけではなく、実地棚卸を行い、次のような棚卸資産の金額を把握する必要がある。

①収穫済みの農作物。
②未収穫の農作物。
③豚、牛馬、家禽等の家畜。
④未使用の種苗、肥料、農薬等の薬剤、飼料、ビニルシート、アニマルネット。
⑤販促用のチラシ、パンフレット。

決算日に行うことが原則だが、月末が忙しい場合には、その前後数日の間で実地棚卸を行い、推定する方法も認められている。

また、未収穫の農作物についても棚卸資産の金額を計算しなければいけないが、種苗、肥料、農薬等の薬剤の費用、従業員の給料、水道光熱費なども合算しなければいけないため、かなりの手間がかかる。

これについても、**今年が昨年と同程度規模の作付面積であれば、棚卸資産として集計しなくてもよいとされている。**しかも、税務署に届出を提出する必要もない。一方、収穫済みの農作物にはそのような特例はないため、実地棚卸は必ず行おう。

そして、この棚卸資産の金額によって、農業法人の利益はかなり変わってくる。75ページで3つのケースを比較してみよう。

ケース1とケース2では、期末棚卸資産の金額が７００万円相違して、ダイレクトに売上総利益に反映している。つまり、決算日の棚卸資産が多いほど利益は増える。これに法人税がかかり、そのぶん手残りは減る。

とはいえ、実際に農業用倉庫にある農作物などを数えて、その数量をごまかすことはできず、決算日も迎えていれば、ここから節税することはできないと考えがちだ。

ところが実は、決算日の棚卸資産

の金額を小さくすることができる特例がある。その前提として、棚卸資産の評価方法には大きく分けて、原価法と低価法の2種類があり、原価法はさらに6つの方法に分けられる。

①個別法
②先入先出法
③総平均法
④移動平均法
⑤売価還元法
⑥最終仕入原価法

それぞれの方法にメリットとデメリットがあるが、**税務署に届出をしていなければ、自動的に⑥の最終仕入原価法を採用したことになる。**

ここでいう最終仕入原価法とは、棚卸資産を種類の異なるごとに区分して、それぞれの決算日に最も近いときに仕入れた金額を取得価額として計算する方法のこと。直近の購入履歴と決算日の在庫量を調べるだけで計算できるため、6つの方法のなかで手間が最小限となるのがメリットとなる。ただし、決算日まで計算ができず利益を予想できない点がデメリットとなる。また、日本がインフレだと、最も高い単価で棚卸資産が評価されてしまうことにもなる。

さらに、これらの農作物が市況の変動により、決算日に大量に売れ残ってしまうことがある。翌事業年度に持ち越したとしても、すでに時価がかなり下がっていることも多いはず。このとき、最終仕入原価法では決算日に近い仕入れ価格で評価するだけであり、販売時の時価で評価しなおしてはくれない。つまり、翌事業年度に売却損が出る可能性が高いのに、今期の農業法人の利益に対して法人税がかかってしまうのだ。

このとき、ケース3の低価法を選択できれば、決算日時点の農作物の時価で、棚卸資産を評価しなおすことができる。ただし、低価法を採用するためには、青色申告を行っていること、かつ適用したい事業年度の前事業年度の末日までに「棚卸資産の評価方法の変更承認申請書」を税務署に提出して、承認を得る必要がある。設立初年度の農業法人であれば、1期目の法人税の申告期限までに「棚卸資産の評価方法の届出」を提出すればよい。

まだ申請をしていない農業法人は提出するべきだろう。決算日の農作物の時価が下がっていなければ、原価法による棚卸資産の金額を計上すればよいだけだ。つまり、低価法を申請することのデメリットはない。

[期末棚卸資産の金額と売上総利益]

ケース1　前期の決算書

売上高		5,000万円
期首棚卸資産	100万円	
仕入高	1,500万円	
期末棚卸資産	100万円	
売上原価		1,500万円
売上総利益		3,500万円

ケース2　今期の決算書（原価法を適用）

売上高		5,000万円
期首棚卸資産	100万円	
仕入高	1,500万円	
期末棚卸資産	800万円	
売上原価		800万円
売上総利益		4,200万円

ケース3　今期の決算書（低価法を適用）

売上高		5,000万円
期首棚卸資産	100万円	
仕入高	1,500万円	
期末棚卸資産	800万円	
評価損	500万円	
売上原価		1,300万円
売上総利益		3,700万円

売上高と仕入高は同じでも、
今期は期末棚卸資産の金額が
700万円も増加

↓

売上総利益が700万円も増加して
これに対して法人税が課税される

↓

前期末までに
棚卸資産の評価方法について
税務署に届出書を提出しておく

↓

期末棚卸資産に低価法を適用する

↓

評価損を計上することで
翌期の損失を今期に取り込める

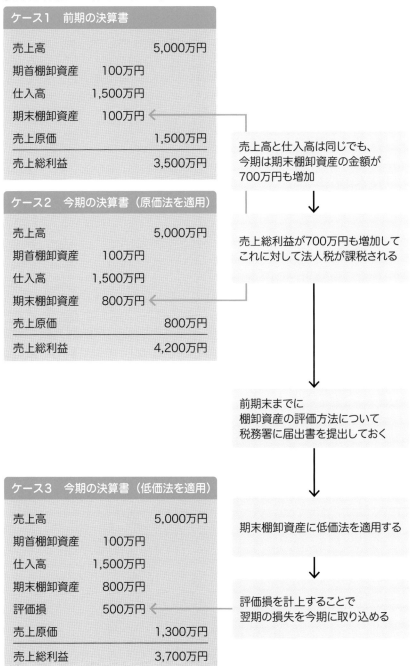

農業法人　運営

1年間で2年分の家賃を計上できる制度がある

農業法人は毎月電力会社に電気料金を支払うが、それは過去に使用した電気に対しての精算である。この場合には後払いとなるが、実際に使用したときに経費となる。

一方、農業法人が常に前払いする経費もある。代表的なものが、倉庫の賃貸料や地代、または倉庫の火災保険やトラックの自動車保険である。この場合には支払った段階では経費とはならず、時の経過とともに経費に計上される。

例えば、3月末決算の農業法人が1月に1年分の自動車保険を支払ったとする。すると今期の3月末の決算では、1～3月の3ヵ月分しか経費にはならない。残りの9ヵ月分は翌事業年度の経費となる。そのため、農業法人の決算書では、9ヵ月分が前払費用として資産に計上されている。

ところが、次の要件をすべて満たすと今期に1年分全額を経費に計上できる。これを短期前払費用と呼ぶ。

①金額に関して重要性がない（過大ではない）。
②等質等量のサービスが契約期間中、継続的に提供される。
③契約に従って支払う、役務の提供の対価である。
④翌期以降において時の経過に応じて費用化されるものである。
⑤現実にその対価として支払ったものである。

このなかで、②と③はまちがえやすいので注意したい。②の**等質等量とは、毎月同じサービスが提供されなければいけないことを指している。**先述の電気料金は、毎月、利用量が違うため1年分を前払いで支払っても経費にはならず、実際に使ったときに精算して経費となる。それに対して、倉庫の賃貸料や保険料は毎月同じサービスが提供されるため、短期前払費用の要件を満たせる。

次に、③は**口頭ではダメで、契約を締結しなければならないことを指している。**保険料に関しては保険会社と1年更新の契約を締結するのでよいが、賃貸料は通常1ヵ月分の前払いの契約のため、契約書を作成し直す必要がある。大家としては1年分を前払いしてもらえるなら、家賃未回収の不安も解消され、快く承諾してくれるだろう。

[原則的な取扱い]

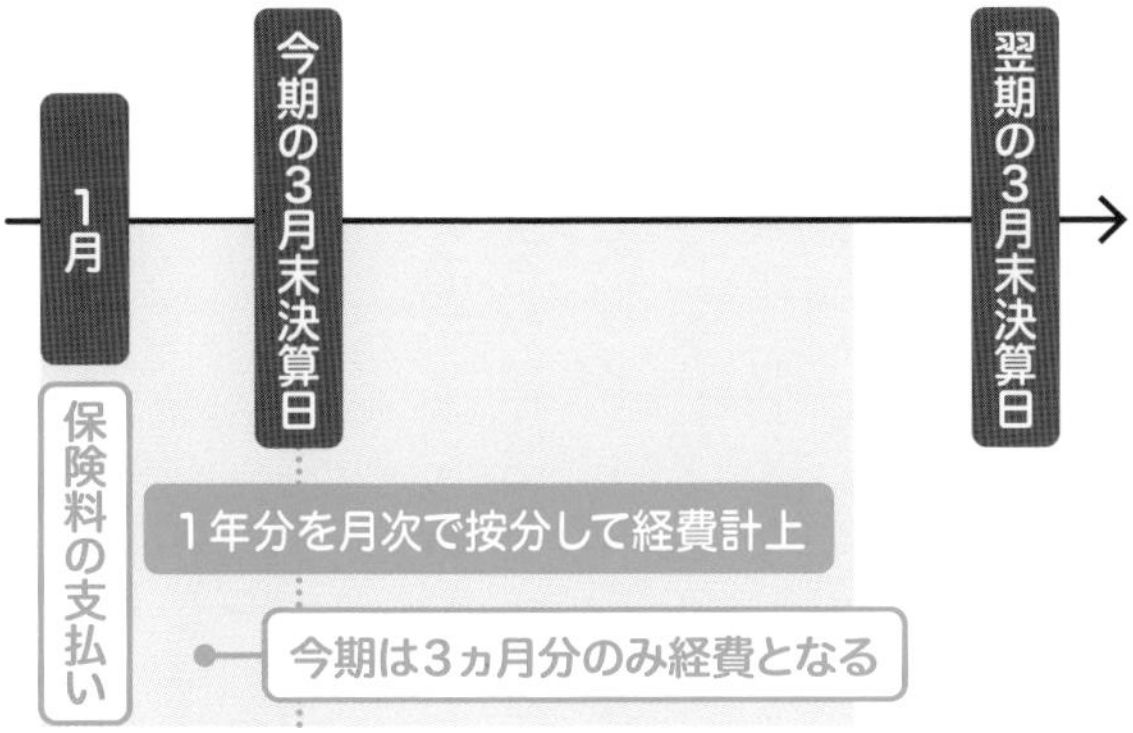

[短期前払費用の取扱い]

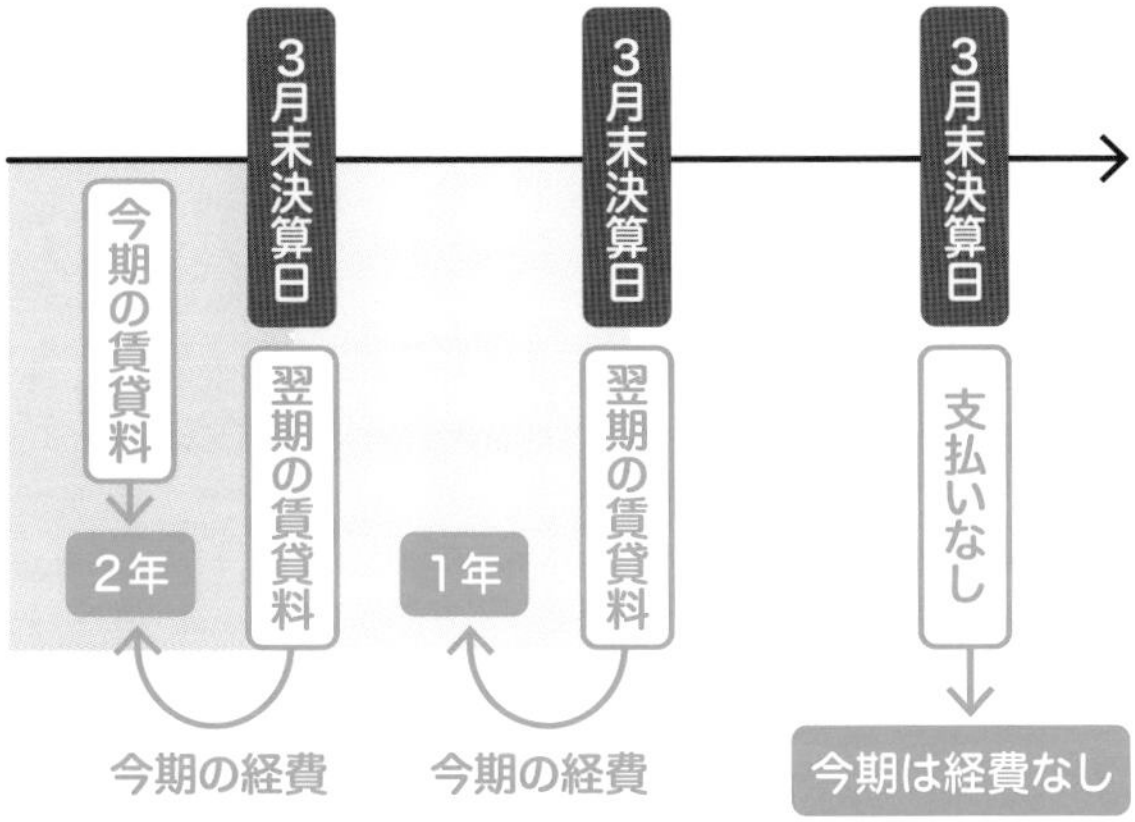

そして、この契約は毎年継続して守らなくてはいけない。例えば、3月末決算の会社が3月に1年分の倉庫の賃貸料を前払いで支払うと、その事業年度は2年分が経費となり、翌年以降は1年分の賃貸料が計上されていく。ところが、2～3年後に農業法人が赤字になるという理由で短期前払費用を止めたとする。すると、その事業年度の賃貸料はすでに前事業年度に計上されているので、賃貸料が一切計上されずに赤字を補てんできる。ただし、これを繰り返すと税務署から利益調整とみられ、過去の短期前払費用を否認されてしまう。

なお、1年分の賃貸料を前払いで支払ったとしても、翌事業年度の途中で賃貸を止める場合には経過していない時期の賃貸料は戻り、その事業年度の利益として計上される。

農業法人　運営

回収できない売掛金があれば、貸倒れの処理を行う

農業法人が農協とのみ取引をしていれば、売掛金が回収不能となることはない。ところが、スーパーや個人消費者などに農作物を販売していると、売掛金が回収できないことがある。そのときは、貸倒損失として計上できる。

ただし、**「催促したが相手が支払ってくれない」という理由だけでは、貸倒損失としては計上できない。**そのまま回収しなければ、寄付したとみなされて経費とはならない。

次の3つのどれかに該当した場合のみ、貸倒損失としての計上が認められる。

❶法律に基づいて切り捨てられるケース

取引先が個人であれば破産、会社であれば特別清算した場合には、明らかに回収できないため貸倒損失が確定する。会社更生法の更生計画の認可決定や債権者集会の協議で切り捨てられる売掛金の金額が決定したケースでも同じ。回収できる部分を除いて、貸倒損失として計上できる。

また、破産や特別清算をしないままでも、長期間にわたって資金繰りが悪化している取引先に対して、自分から免除する旨の書面を送れば、その時点で貸倒損失を計上できる。

ただし、通常は、通知する前に取引先と交渉が必要となる。そのとき、売掛金の一部でも返済が可能とわかれば、契約を締結して回収できない部分のみを貸倒損失とする。

❷資産状況から事実上回収できないケース

取引先の資産状況や支払能力を調べて、売掛金の全額が回収できないことが明らかとなった時点で、貸倒損失を確定させる。

ただし、このケースでは売掛金の一部だけを貸倒損失とすることは認められない。書面も送らず、独自で判断するため、取引先は貸倒れの処

理をされたこともわからない。

❸形式的な貸倒れのケース

継続的な取引の売掛金を対象として、その取引が停止したあと1年以上が経った時点で貸倒損失を確定させる。このとき、インターネットで農作物を1回だけ販売した個人消費者でも、そのあとも継続して取引を行う意思があったならば、継続的な取引の売掛金として認められる。

また、お客さんが遠方にいて、交渉するための旅費交通費のほうが売掛金の金額よりも大きくなり、回収する経済合理性がないと判断した時点でも貸倒損失を計上できる。

そもそも、農業法人が取引先の資産状況や支払能力を調べて、独自で判断するのは難しい。そのため、❷の理由による貸倒損失は、税務調査のときに否認されるリスクが高い。

通常は、❶または❸で貸倒れを判断すべきだ。特に、農業法人の1つの取引金額は少額であることも多いため、形式的に❸で判断すればよいだろう。

さらに、**❶の書面による通知を行うのであれば、それを送る時期によって貸倒損失を計上する年度が変わってくる。** 農業法人の決算日の直前になって、利益を予想し、決算日前に送るべきか、それとも翌月に送るべきか、よく考えよう。

[貸倒損失の3つのケース]

❶ 法律上の貸倒れ →	売掛金が法律上、消滅した
❷ 事実上の貸倒れ →	売掛金が実質的に回収不能になった
❸ 形式上の貸倒れ →	取引停止後1年以上弁済がない または 回収費用が売掛金を超える

[貸倒損失が確定する日の例]

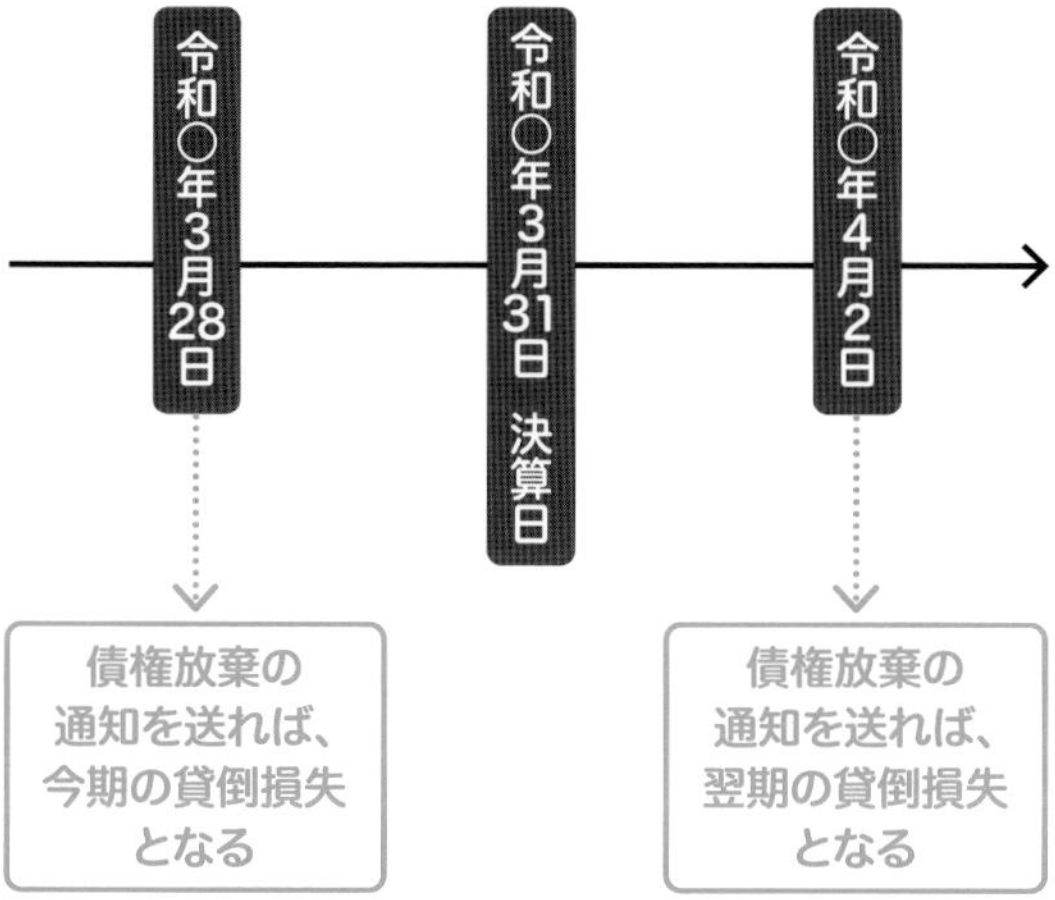
令和○年3月28日
令和○年3月31日 決算日
令和○年4月2日
債権放棄の通知を送れば、今期の貸倒損失となる
債権放棄の通知を送れば、翌期の貸倒損失となる

自分がどの生命保険に加入すべきか、本当に知っているか？

生命保険は、定期保険、養老保険、終身保険と大きく3つに分けられる。それぞれの仕組みを解説しよう。

1 定期保険の仕組み

いわゆる、保険料が「かけ捨て」となる生命保険を定期保険と呼ぶ。定期保険の保険期間は1年、10年、60歳満期、99歳満期など、短期から長期まで様々だが、あらかじめ契約で決められている。また、保険期間が短いものは健康状態に関わらず、医師の診断や告知なしで自動更新される商品がほとんどだが、契約内容を変えなければ、更新後の保険料は再計算されて上がってしまう。

そして、保険期間中に、死亡・高度障害などの支払要件を満たすと保険金が受け取れる。定期保険には、がんや入院・手術に対して、診断給付金や入院・手術給付金が受け取れる医療保険なども含まれる。

こうした仕組みから、保険期間が長いほど保険会社が保険金を支払うケースが増えるため、自分が支払う保険料は高くなる。しかし、自分が支払った保険料よりも高い保険金が支払われるケースは少ない。かけ捨てなので、戻って来ることもない。その代わり、少額な保険料で高額な保障を買うことができることは確かだ。

農業経営で充分な貯金があれば、かけ捨ての定期保険に加入する必要はない。定期保険は損をするケースがほとんどだからだ。病気や死亡の場合にはその貯金を使えばよい。しかし、**充分な貯金がないなら定期保険に加入して、生活費を補てんできる保障は確保しておくべきだろう。**

さらに、定期保険は「平準定期保険」「逓減定期保険」「逓増定期保険」に分類される。平準定期保険とは、保険期間を通じて保険金が一定の商品を指す。これに対し逓減定期保険とは、保険期間が経過するにつれて、保険金が低減する。子供の成長

[平準定期保険のしくみ]

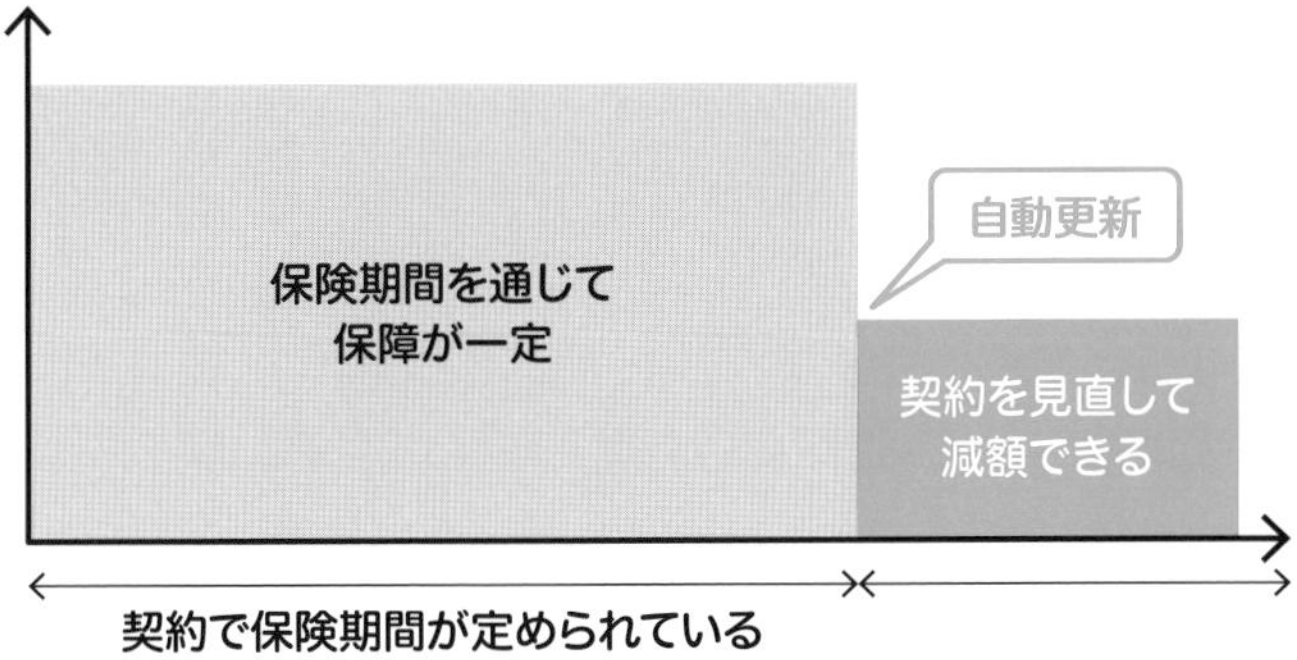

[逓減定期保険のしくみ]

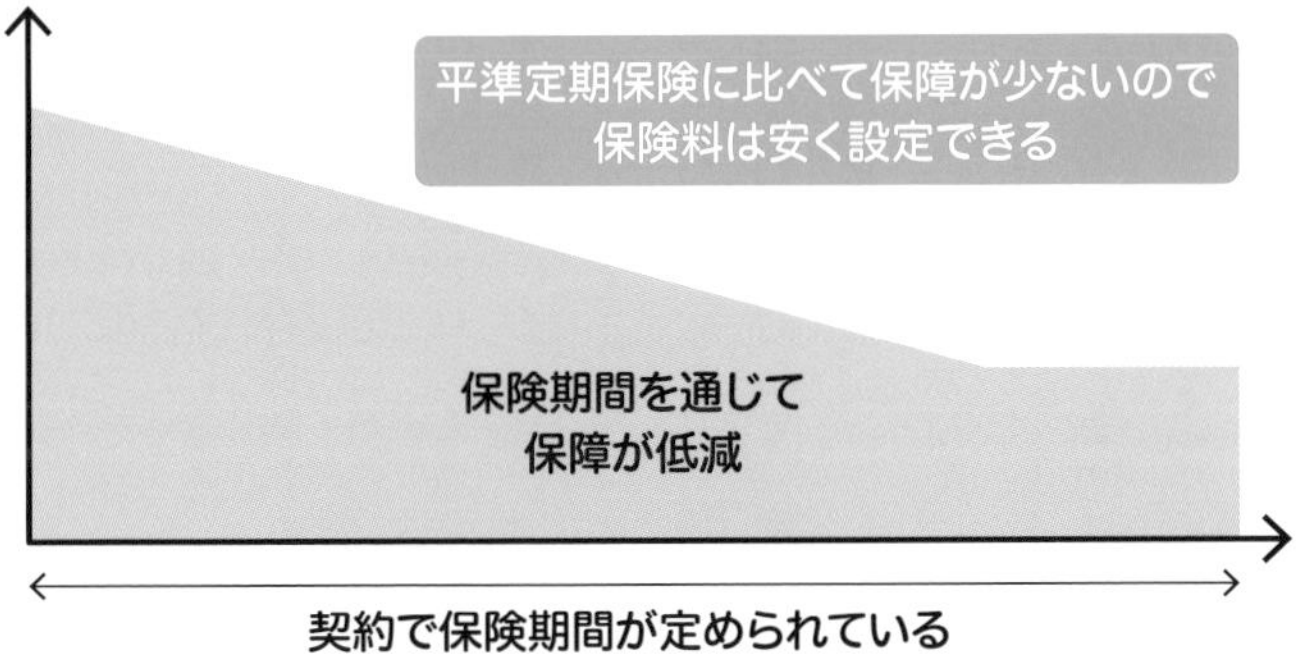

や自分の貯金が増えていくにつれて、保障されるべき金額が少なくなるため、保険金も低減させる。保障が減る分、平準定期保険に比べて保険料を抑えることができるが、契約に定められた減額が機械的に行われてしまうというデメリットもある。

平準定期保険でも、保険期間を短くして自動更新のときに契約内容を見直したり、保険金を一部減額するなどすれば、自分で必要な保障を選べて保険料も減らすことができる。**自分が加入している生命保険を数年に1度は見直すことを前提に、平準定期保険を選択するほうがよいだろう。**

なお、逓増定期保険は、保険期間が経過するにつれて保障が増える保険で、法人向けに退職金の原資を貯めるために販売されていたが、最近ではそのメリットは薄れている。

2 養老保険の仕組み

かけ捨ての保険料が嫌だとい

う人のために、保険期間中に死亡・高度障害になったときには、死亡・高度障害の保険金が受け取れ、保険期間終了時に生存していれば満期保険金が受け取れるという商品がある。つまり、生死に関わらず、必ず保険金を受け取れるもので、養老保険と呼ばれる。

　死亡保障付きの貯金であり、保険料はかけ捨てではないと勘違いしそうだが、現実は違う。

　養老保険では、危険保険料と生存保険料、それに生命保険会社の経費にあてられる付加保険料を加えた保険料を負担することになる。

　そして、保険期間中に死亡・高度障害になったら、それまでに支払った生存保険料はかけ捨てになり、保険期間終了時に満期保険金を受け取ったら、危険保険料はかけ捨てになる。この危険保険料と生存保険料を合わせて純保険料と呼ばれる。これに加えて、付加保険料は経費として使われているため、当然、保険金に充当されることはない。こうしたことから、**養老保険は予定利率に対して、実質の利回りは低くなる。**

　さらに、養老保険は死亡・高度障害の保険金を受け取ることよりも満期保険金を受け取ることのほうが多く、そのため満期保険金の利回りが重要となるが、最初に契約した予定利率が保険期間を通じて適用されることになる。予定利率は市中利率を反映するが、これが低い期間は人気がない商品となる。なかにはドル建ての養老保険など予定利回りが高いものもあり、銀行に預けるよりは得になることもある。農業で稼いだお金を運用する商品の１つとして、養老保険の加入を検討してもよいだろう。

3 終身保険の仕組み

　保険金が終身で、いつの時点で死亡・高度障害になっても、必ず保険金が受け取れる商品がある。これは終身保険と呼ばれ、死亡保険金は本人ではなく、親族が受け取る。

　終身保険では、満期を男性１０６歳、女性１０９歳などと仮定して危険保険料を設定する。そのため、終身ではなく満期がもっと低い年齢で定められている定期保険に比べて、保険料はかなり割高となる。

終身保険の保険料の支払い方法は、70歳、80歳などと一定の年齢までに早期に支払いを完了させる有期払いと、終身払いの2種類がある。一般的には、終身払いのほうが保険料は安くなる。

そもそも、終身保険の保険料には、危険保険料と付加保険料が含まれているため、利回りはかなり低くなる。途中で解約するとそのときの解約返戻金が払い戻されるが、元本割れすることも多い。現実的には、保険料と同額のお金を投資信託などの運用に回すほうが手取りは多くなる。

ただし、**終身保険は保険金の受取人を指定することで、相続のときにお金が必要な人に確実に渡すことができるという機能はある。**つまり、相続対策という目的があれば、加入してもよいだろう。

[養老保険のしくみ]

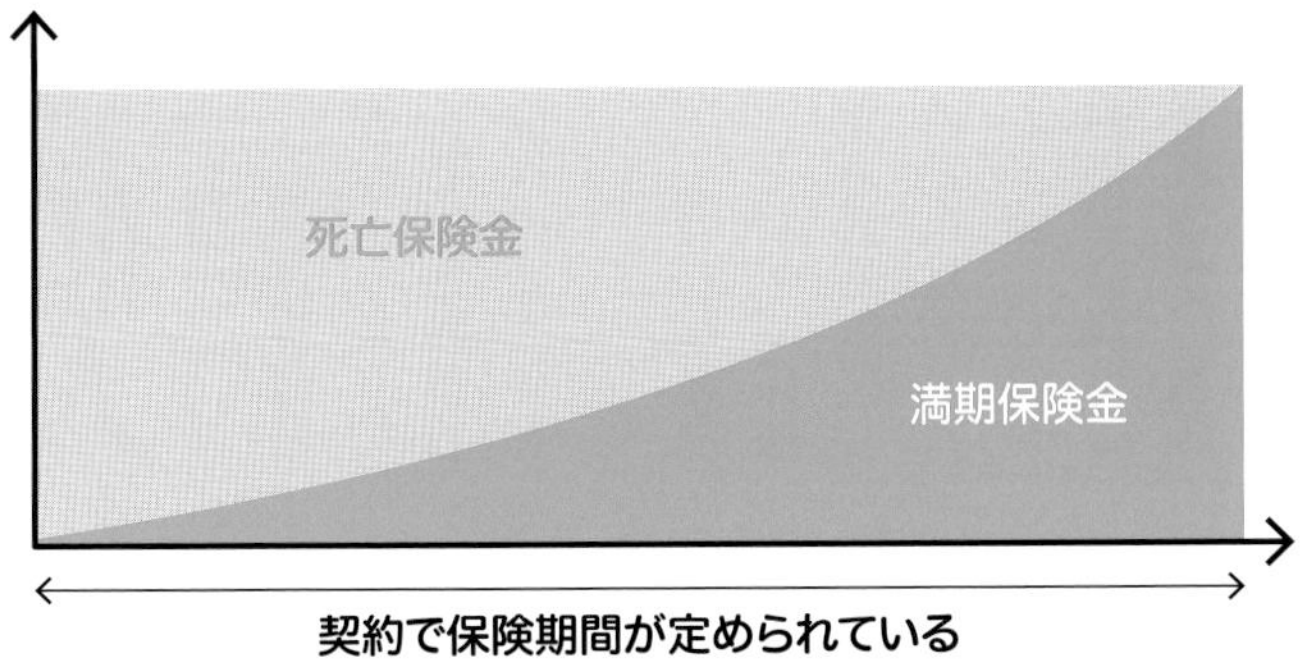

[終身保険のしくみ]

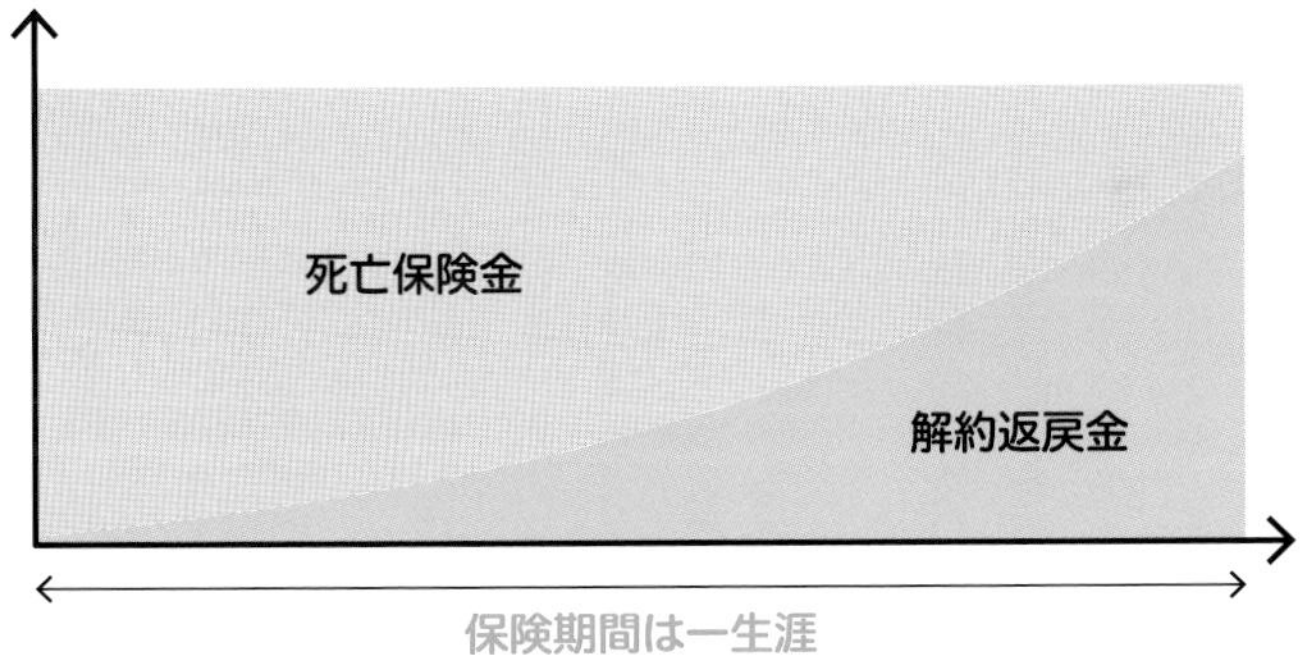

農業法人　生命保険

個人から農業法人に生命保険の契約者名義を変更する

生命保険には、契約者、保険料負担者、被保険者、受取人の4人の登場人物がいる。

まず、契約者とは、生命保険会社と契約する者である。そして、保険料負担者とは実際に保険料を負担している者を指す。この2人は同一人物であることが多いが、別々にしても問題はない。**一般的に保険料は口座振替で引き落としされるが、税法上はその口座の名義人が保険料負担者と推定する。**

次に、被保険者とは、生命保険がかけられている人のことで、その人の生死・病気などが保険の対象となる。契約者、保険料負担者、受取人は、個人だけではなく法人でも対象となり、かつ契約後に変更することもできる。それに対して、被保険者は個人のみが対象であり、契約後に変更することはできない。

受取人とは、実際に保険金を受け取る者を指す。受取人が保険金を受け取ったときに、それが保険料よりも多い場合には税金が発生する。このとき、保険料負担者と受取人の関係によって、税金の種類が変わる。

こうした生命保険を活用して節税できる方法がある。

個人事業主の農家の場合、生命保険の契約者兼保険料負担者となっても、保険料は農業所得の経費とはならない。個人の確定申告で最大12万円の生命保険料控除の対象となるだけで終わってしまう。

そこで、農業法人が生命保険の契約者兼保険料負担者となり、役員を被保険者とする。そして、解約返戻金がない定期保険、例えば医療保険に加入したとしよう。このとき、受取人を役員とすると役員のために加入することになり、保険料は役員の給料として所得税がかかってしまう。

しかし、受取人を農業法人にすれば、被保険者である役員が病気になったら保険金は農業法人が受け取れる。これにより、保険料は全額が経費として計上できるのだ。このとき、農業法人が受け取った保険金を役員がもらってしまうと所得税がかかるので気をつけたい。

また、定期保険であっても解約返戻金があるものは、保険料が全額経費として計上できるわけではない。

さらに、養老保険は死亡保険金または満期保険金、終身保険は死亡保険金を農業法人が受け取ることができるため、保険料の全額は経費として認められない。

それでも、個人で生命保険に加入すると、最大で55％の所得税（住民税も含む）と社会保険料を支払った残りで保険料を負担することになる。それが、**農業法人であれば、34％の法人税を支払った残りで保険料を支払うことができるため、資金効率はよいと言える。**

被保険者以外は、契約した後でも変更は可能であり、変更しても、その時点で税金が課されることもない。新たに農業法人を設立した場合には、個人で加入している生命保険の契約者の変更を検討しよう。

［死亡保険金を受け取る場合の課税関係］

契約者	保険料負担者	被保険者	受取人	課税
父親	父親	父親	父親	所得税（一時所得）
父親	父親	父親	子供	相続税
父親	父親	母親	子供	贈与税

［個人から法人へ名義変更］

個人事業主の農家
契約者兼保険料負担者：個人
被保険者：個人
受取人：個人

↓ **生命保険の名義変更**　名義変更したときに税金がかかることはない

法人
契約者兼保険料負担者：法人
被保険者：個人
受取人：法人

相続財産には、本来の相続財産とみなし相続財産がある。本来の相続財産とは民法上で遺産分割や遺留分の対象となる財産のことだ。これに対し、**みなし相続財産とは民法上では遺産分割や遺留分の対象とはならないもので、保険金や死亡退職金が該当する。**ただし、保険金に相続税がかからないとすると現預金を終身保険に変換するだけで税金を逃れることができてしまう。これを防ぐために税法上のみ相続財産とみなして相続税をかけることにしている。

　これを前提に、生命保険の契約内容を確認していきたい。

農業法人　生命保険

生命保険の契約者を個人から個人に変更する

　生命保険には、契約者、保険料負担者、被保険者、受取人の4人の登場人物がいる。被保険者には生命保険がかけられるため、すでに病気だと生命保険会社から断られることもあるが、その場合は他の親族を被保険者にすればよい。

　例えば、父親が病気ではあるが、資産運用などの目的で生命保険に加入したいとする。その場合は、被保険者を子供とし、それ以外はすべて父親として契約する。契約後に父親が死亡しても保険事故は発生していないため、保険の契約は継続する。とすれば、この保険の契約自体が本来の相続財産として、遺産分割の対象にもなるし、相続税もかかる。

　被保険者である子供が相続できればよいが、親族間で争った場合には他の親族が相続する可能性もある。そうなると、継続したほうが得であっても解約されてしまうだろう。

　そこで、父親が存命のうちに、契約者のみを子供に名義変更しておこう。ポイントは、保険料負担者と受取人は父親のままにしておくことだ。

　あくまで父親の財産を運用したいのだから、保険料負担者は変える必要がない。仮に、受取人も子供に変更してしまうと、子供が病気になるなど保険事故が発生したときに、子供またはその相続人に対して保険金が支払われてしまう。保険料負担者と受取人が違うと、税率最大55％の贈与税が課されることになる。

こうした理由で、契約者のみを子供に名義変更するのだが、名義変更後に父親が死亡したとしても前述の事例と同様に保険事故は発生していないので、保険の契約は継続することになる。前述の事例と違うのは、**すでに契約者は子供になっているため、遺産分割の対象とはならず、子供が契約者のまま保険料負担者だけを引き継ぐことになることだ。**

しかし、これで相続税がかからないとなると前述の事例と比較して不公平となるため、父親の保険料負担者の地位がみなし相続財産となり、相続税がかかる。

最後に、子供が保険料負担者を引き継いだあと、受取人も子供に変更しよう。なお、父親が生前に子供へ保険料を贈与して、子供が保険料負担者となってもよいが、贈与税は高額のため、この方法には限界がある。

[本来の相続財産とみなし相続財産との比較]

本来の相続財産	みなし相続財産
被相続人から財産を譲り受ける（承継取得）	被相続人から譲り受けるのではなく、いきなり自分の財産となる（原始取得）
遺産分割協議・遺留分の対象	遺産分割協議・遺留分の対象外
相続放棄したら承継できない	相続放棄しても受け取れる
限定承認したら買い取らない限り、承継できない	限定承認でも受け取れる
入院給付金・手術給付金等を請求して受け取ると単純承認とみなされる	死亡保険金等を受け取っても単純承認とはならない
被相続人に寄与した人には遺言によってのみ取得させられる	被相続人に寄与した人に取得させることができる

[個人間で名義変更]

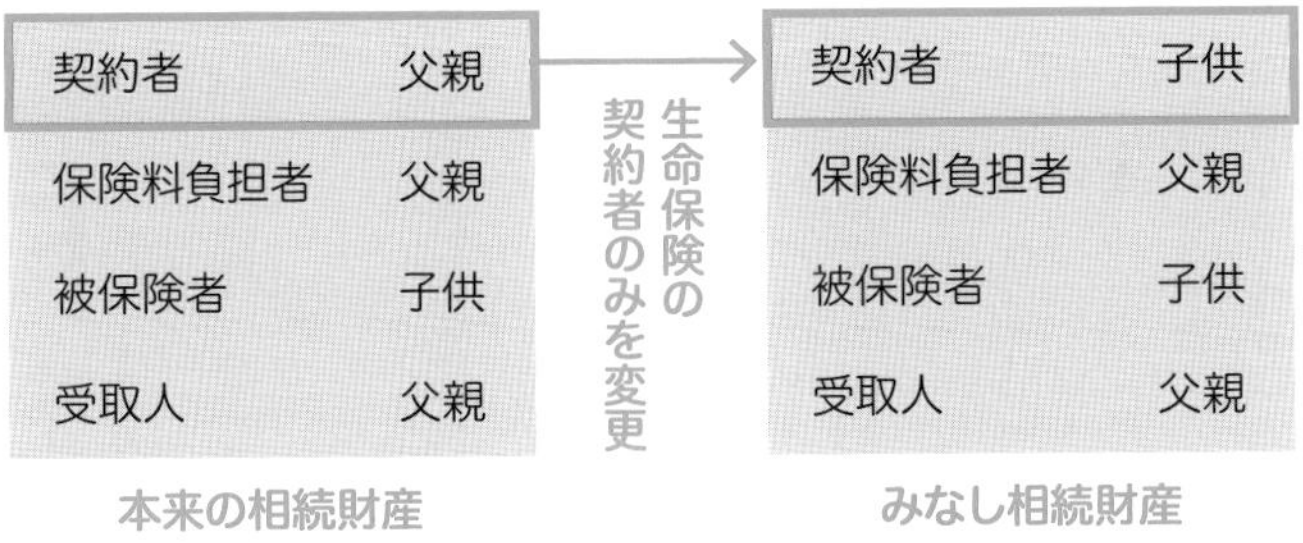

役員の給料を下げてでも、生命保険に加入する目的とは

農業法人 / 生命保険

農業法人の利益の節税は簡単だ。役員の給料を増やせば経費となるからだ。しかし、給料には最大55％の所得税（住民税含む）と社会保険料がかかる。法人税は減額できても役員の所得税が増えて手取りが減れば「節税が成功した」とは言えない。

実は、役員の所得税を節税する方法がある。**農業法人から役員が退職金としてお金を受け取れば、最も所得税が安くなるのだ。**退職金の所得税は、勤続年数による退職所得控除額を差し引き、2分の1をかけて計算するからだ。しかも、給料と合算しないため所得税率もかなり下がり、社会保険料の対象にもならない。

例えば、農業法人で20年間働き、1億円の退職金をもらったとすると、所得税の実効税率は20％で、住民税との合計は約2000万円となる。しかも、事業年度ごとに農業法人が税引後の利益を貯めて、1億円の現預金を保有していなければいけない。法人税率は33％なので、67％の税引後利益を退職金として支払うと、役員の実質的な手残りは53％（＝67％×（1－20％））となり、利益の約半分は税金として支払うことになる。

もちろん、1億円の退職金は農業法人の経費となり、そのあと、10年間は繰り越して黒字と通算できる。それが可能であれば、法人税が還付されるので、20％の所得税だけで、手取りは80％となる。しかし、これは役員が農業法人を退職したあと、事業承継する親族がいることが前提だ。事業承継せず、農業法人を退職すると同時に清算するならば、赤字は有効活用できない。

こういう場合には、事前に農業法人が解約返戻金のある定期保険に加入して経費を計上することで利益の一部を繰り延べておくという方法がある。役員が退職するときに解約

し、利益と退職金を相殺するのだ。

ただし、注意すべき点が2つある。

❶「入口」の経費になる割合を確認すること

解約返戻金がある定期保険でも、保険料の一部は経費になる。しかし、契約した時点での最大の解約返戻率によって保険料を経費にできる割合は変わる。保険料の10％しか経費にならない定期保険もあるので、設計書を必ず確認しよう。

❷「出口」の退職金を支払う時期を決めること

保険料の一部が経費になる定期保険でも、あくまで保険料はかけ捨てとなる。契約時から一定の時期までは解約返戻金が積み上がって増えていくが、ピークを越えてからは減額され、最後はゼロ円となる。ピークのときに解約して退職金にあてなければ効果は最大とならない。事前に役員が退職する時期を定めて、それを守ることが重要だ。

入口と出口の設計が正しければ、節税効果は最大となる。

[生命保険による利益の繰り延べ]

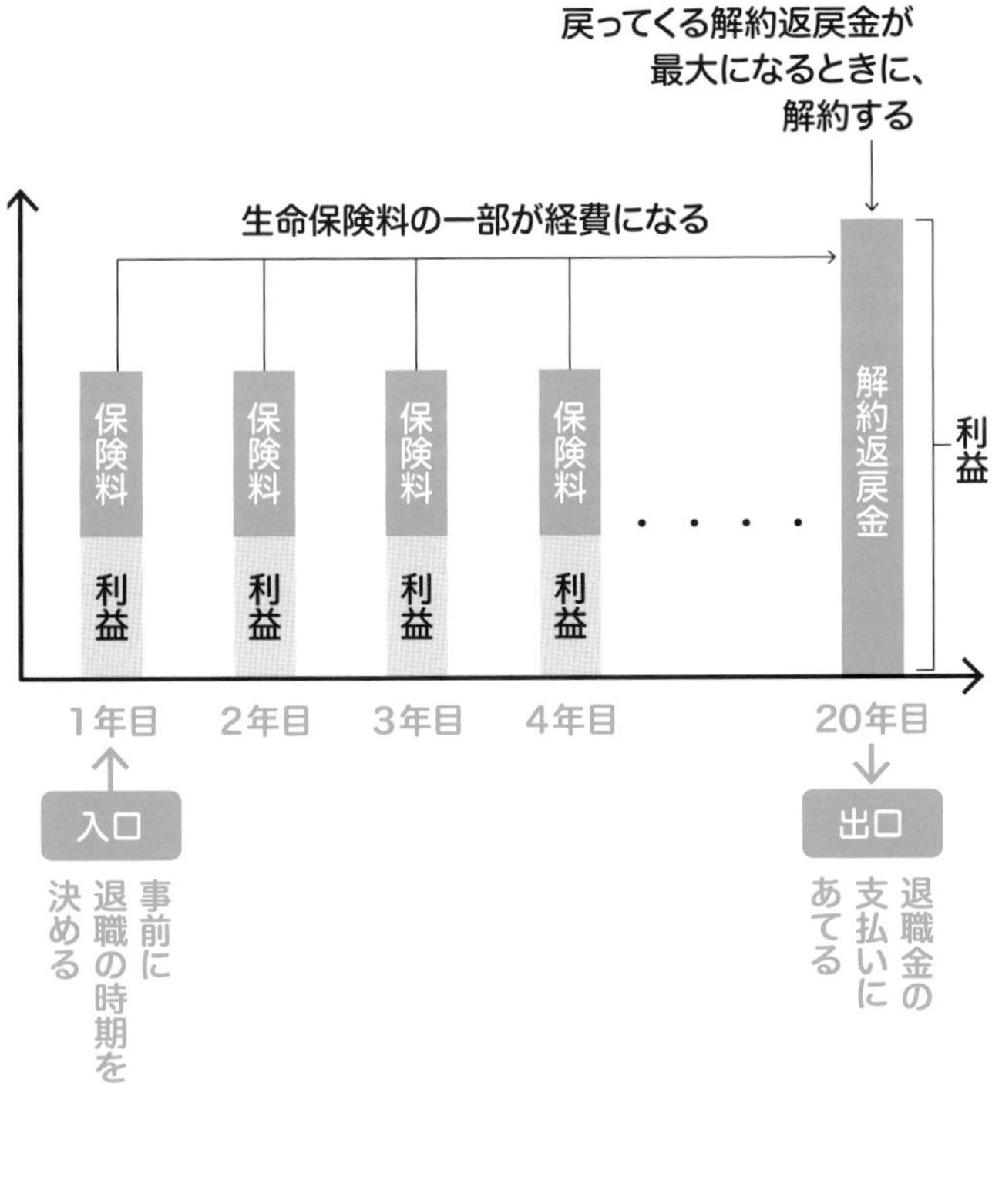

農業法人　生命保険

養老保険の保険料で運用しても経費となる

農業法人が被保険者を役員または従業員とする養老保険に加入したときには、受取人を誰にするかで、保険料の取り扱いが変わってくる。

まず、満期保険金でも死亡保険金でも、受取人を農業法人に指定するケースだ。これは、農業法人が保険金を受け取ることが確定するため、保険料の全額が経費として認められない。

次に、満期保険金の受取人を役員または従業員に指定し、死亡保険金の受取人も役員または従業員の遺族に指定するケースだ。この場合は、個人が保険金を受け取ることが確定するため、保険料の全額が役員または従業員の給料とみなされて、所得税がかかる。つまり、農業法人から役員または従業員に保険料に見合う給料を支払って、個人で養老保険に加入していることと同じなのだ。

最後に、満期保険金の受取人は農業法人とし、死亡保険金の受取人は役員または従業員の遺族に指定するケースを紹介しよう。この場合、農業法人に半分だけメリットがあるので、保険料の2分の1は資産計上として、2分の1は給料として計上する。このとき、**役員または全従業員が加入すれば給料とはみなされず、福利厚生費として計上できる。**この方法を養老保険の福利厚生プランと呼ぶが、行うには注意点が2つある。

❶普遍的加入は厳密に行う

役員または全従業員を加入させると言っても、新入社員まで含めると、新入社員はすぐに辞めてしまうかもしれない。養老保険は途中で解約すると元本割れになることが多いため、できるだけ長く運用したほうがよいのだ。このとき、職種、年齢、勤続年数等による合理的な基準で格差を設けてもよいとされている。

そこで、入社3年以上の役員または従業員のみが加入できるなどと決

［養老保険の課税関係］

契約者	被保険者	満期保険金の受取人	死亡保険金の受取人	保険料
農業法人	役員・従業員	農業法人	農業法人	全額資産計上
農業法人	役員・従業員	役員・従業員	役員・従業員の遺族	給料とみなされる
農業法人	役員・特定の従業員	農業法人	役員・特定の従業員の遺族	2分の1は資産計上 2分の1は給料
農業法人	役員・全従業員	農業法人	役員・全従業員の遺族	2分の1は資産計上 2分の1は福利厚生費

めるとよい。ただし、男性だけ、部長以上だけなどとするのは、平等や公平性の観点から合理的な基準ではないとみなされる。さらに、役員または従業員の80%以上が同族で占められている農業法人では、福利厚生という目的はそぐわないので、役員または全従業員が加入したとしても保険料の2分の1は給料とみなされる。

なお、**役員または従業員が辞めたあとでも、数年間は被保険者として保険料を支払っても問題はない。**元役員または元従業員であっても、農業法人に貢献したことは確かなので、福利厚生の対象となるからだ。

❷役員と従業員の格差について

農業法人の役員は銀行からの借入金に対して連帯保証をしていたり、自己資金を農業法人に出資していたりする。そのため、役員が死亡した場合には、従業員が死亡した場合に比べて、親族の負担が増えることがほとんどだ。

このことから、養老保険の死亡保険金は、従業員より役員のほうを手厚くするべきだろう。ただし、あまりに格差があると否認されてしまう。目安は、保険金の金額で、「役員は従業員の5倍程度まで」と言われている。

農業法人　生命保険

「経営セーフティ共済」に加入すれば掛金が経費となる

個人事業主の農家であっても、農業法人であっても、「経営セーフティ共済」に加入すれば、その掛金は支払ったときに全額が経費として認められる。

経営セーフティ共済は、独立行政法人の中小企業基盤整備機構が提供するサービスであり、中小企業倒産防止共済制度とも呼ばれている。簡単に言えば、中小企業の倒産にそなえて、政府が貸し付け金を準備している制度である。

経営セーフティ共済に加入すると、掛金を支払うこととなる。掛金の月額は、5000円～20万円の範囲内で、5000円単位で自由に選択できる。そして、掛金総額が800万円になるまで積み立てすることができる。事業年度の途中で月額の掛金を変更することも可能だ。

経営セーフティ共済に加入しておくと、取引先が倒産して収入の見込みがなくなったときや、災害にみまわれたときなどに、掛金の最高10倍（上限8000万円）まで借り入れることができる。借り入れの際には、無利子・無担保・無保証人となっていて安心だ。気になる返済期間は、借り入れの金額によって下の表のように決められている。

［借入金の返済期間］

借入額	返済期間 （6ヵ月の据置期間含む）
5,000万円未満	5年
5,000万円以上 6,500万円未満	6年
6,500万円以上 8,000万円以下	7年

また、経営セーフティ共済の掛金は、毎月支払う方法でも、1年分をまとめて支払う方法でも、どちらでもよいことになっている。1年分をまとめて支払えば、それが決算日の直前であったとしても、全額を経費として計上できる。

さらに、**毎月支払っていた掛金を、決算日の直前に1年分支払えば、その事業年度だけ24ヵ月分を支払ったことになり、全額を経費として計上できるのだ。**

このように、農業を営む人々にとってとても心強い経営セーフティ共済だが、加入する場合には注意すべき点が3つある。

❶農事組合法人は加入できない

経営セーフティ共済には、中小企業者であれば、個人事業主の農家であっても農業法人であっても加入できるが、農事組合法人だけは対象外となり、加入することができない。ここでの中小企業者の定義とは、「常時使用する従業員の数が300人以下、または資本金が3億円以下の個人事業主の農家、または農業法人」となるので、ほとんどの場合で対象となるはずだ。

また、継続して1年以上事業を行っていない場合にも加入することはできない。そのため、開業して1年未満の場合には、この制度を利用できない。ただし、個人事業主の農家が法人成りしたときには、次の3つの要件をすべて満たせば、契約をそのまま引き継ぐことができる。

① 農業法人が加入資格（中小企業者であることなど）を満たしていること。
② 個人事業主の共済金や貸付金の返済などの義務を引き受けること。
③ 法人成りしてから3ヵ月以内に申し込みをすること。

❷法人税の申告書に別表を添付する

経営セーフティ共済の掛金を経費として認めてもらうためには、法人税の申告書の別表を添付する必要がある。その添付がないと、決算書や法人税の申告書を税務署に提出していたとしても、経費としては認められないので気をつけたい。

❸解約月数によっては全額が返還されない

経営セーフティ共済を解約するときには、それまでの掛金の総額が返還される。しかし、返還される金額の全額が収入とみなされるため、これには法人税がかかってしまう。この出費にあてる経費が存在しないと節税にはならないのだ。それでも、解約のタイミングは自分で任意に決めることができるため、風水害などにあって売上が減少して赤字になる場合や、農業用倉庫の修繕といった多額の経費が発生するときなどに解約すれば、返還される収入金額と通算することができる。

なお、個人事業主の農家が死亡したり、農業法人が解散したりすると、その時点で経営セーフティ共済を解約したものとみなす「みなし解約」という仕組みがある。また、12ヵ月以上の掛金の滞納や共済金の貸し付けなどに不正行為があった場合に中小機構が行う「機構解約」という仕組みもある。

どちらも強制的に解約となるのだが、掛金の月数が少ない場合には、掛金総額の全額が返還されずに損をしてしまう。返還率は左の表を参照してほしい。

[「経営セーフティ共済」を解約したときに返還される率]

掛金納付月数	任意解約	みなし解約	機構解約
1ヵ月～11ヵ月	0%	0%	0%
12ヵ月～23ヵ月	80%	85%	75%
24ヵ月～29ヵ月	85%	90%	80%
30ヵ月～35ヵ月	90%	95%	85%
36ヵ月～39ヵ月	95%	100%	90%
40ヵ月以上	100%	100%	95 %

- 任意解約：契約者が任意でいつでもできる解約。
- みなし解約：個人事業主の農家の死亡、農業法人が解散したときに解約されたものとみなす場合。
- 機構解約：12ヵ月分以上の掛金の滞納、共済金の貸付に不正行為があった場合に中小機構が行う解約。

第2章

個人事業主を続けることで何ができるのか

個人事業主を続けるメリットとデメリットを知っているか？

個人事業主として農業をしていくメリットの1つに農業者年金がある。

農業者年金とは、国民年金の第一号被保険者である農家が、国民年金に上乗せできる制度である。60歳未満で年間60日以上農業に従事している個人は誰でも加入できる。

ただし、農業法人を設立して役員などに就任すれば社会保険に加入することになるため、国民年金も農業者年金も脱退することになる。それでも、将来の年金給付があったり、一時金として返還される仕組みがあるので、加入して損はしない。

実は、農業者年金というのは、2種類ある。平成13年度までに加入したものを旧農業者年金、平成14年度以降に加入したものを新農業者年金と呼ぶ。

どちらも、1階部分の国民年金に加えて、農業者老齢年金という2階部分が用意されているが、さらにその上に、旧農業者年金では経営移譲年金、新農業者年金では特例付加年金がある。このように、国民年金に上乗せされている農業者年金は、3階建てということになる。

ここからは、新農業者年金について確認していこう。

新農業者年金の保険料は、月額2万円から6万7000円まで自由に選択できる。認定農業者などの一定の要件を満たせば、保険料の2割、3割、または5割について国が補助金を出してくれる。

支払う保険料は社会保険料控除、受け取る年金には公的年金控除が適用されるため、所得税もかなり節税できる。

受け取る年金には3種類ある。

1 農業者老齢年金

国民年金が1階部分とすれば、農業者老齢年金は2階部分に該当する。個人で支払った保険料を基礎として、65歳になれば、誰でも受け取ることができる。

2 特例付加年金とは

国民年金が1階部分とすれば、特例付加年金は3階部分に

[農業者年金のしくみ]

農業者年金	3階部分	特例付加年金（経営移譲年金）
農業者年金	2階部分	農業者老齢年金
1階部分		国民年金

該当する。国からの補助金とその運用収入を基礎として、65歳から終身で受け取ることができる。ただし、**農業経営から引退することが条件となる。**もちろん、引退したあとは子供に農業経営を事業承継する形でもよい。仮に65歳を超えても農業経営を続けている場合、引退するまではもらえない。

なお、旧農業者年金の経営移譲年金も3階部分に該当するが、65歳の誕生日の2日前までに農業経営を事業承継しないと、受け取る権利が消滅する。

3 死亡一時金

80歳前に死亡した場合には、死亡した翌日から80歳に達する月まで農業者老齢年金を支払うとした金額を基礎に計算された金額を、遺族が一時金として受け取ることができる。

この農業者年金に加入し続けられることが、個人事業主の農家としての最大のメリットと言える。

ここからは、個人事業主の農家のデメリットについて考えてみよう。デメリットは、税金と言える。

まず、個人事業主の農家が赤字になったら、その赤字は3年間しか繰り越すことができない。

例えば、1年目に風水害で3000万円の赤字となったとする。本来なら毎年1000万円の利益が出るとすると、その後、3年間で通算して所得税はゼロとなる。ところが、4年目に同じように風水害で赤字となった場合には、まだ通算できていない1000万円の赤字は切り捨てられてしまう。

このとき、個人事業主の減価償却費は、強制的に計上されるので、赤字を調整することができない。これが農業法人なら、赤字は10年間繰り越すことができ、減価償却費の計上金額も任意で調整できるのだ。

次に、個人事業主の所得税には、家事関連費という生活費として使った分は経費に計上できないデメリットがある。

例えば、平日は農作物を市場に運ぶために使う自家用車を、土日はレジャーや買い物など生活に使っているとする。この場合、自家用車の減価償却費の全額は経費として認められない。税務調査でも、「本当に100%、農業だけでこの自家用車を使っているか？」と必ず聞かれる。「はい」と答えられる人はおらず「まあ、100%と言われると…」となる。そのあと、ETCなどの履歴を調べられ、農業での使用割合を推計されてしまう。当然、所得税は追徴され、ペナルティも課される。

これを防ぐには、確定申告では自己否認し、減価償却費の一部を経費から除いておく必要がある。例えば、平日は農業で使い、土日はレジャーで使う場合、次のように計算する。

自家用車の減価償却費×5日÷7日

これを基準に申告しておけば、税務署が否認するためには反論の証拠を集めなければいけない。とはいえ、こちらも経費とする割合の根拠を準備する必要はある。何となく1割だけ自己否認して、9割を経費とするという方法は認められない。

さらなるデメリットは、同居の家族に支払う給料には上限があることだ。

個人事業主の農家の場合、同居している妻や子供に給料を支払うためには、事前に税務署に上限金額を届け出る必要がある。しかも、他の従業員と同じ基準での金額にしないと過大と指摘されてしまう。

これが農業法人なら、妻や子供を役員にしておけば、従業員と同じ基準の金額にしなくてよいのだ。

また、**所得税についても、累進課税により所得が高いほど税率も上がる。個人事業主だと親族で給料を分散しにくく、家族全体の手取額が大きく減るというデメリットもある。**

さらに、自分や同居の妻、子供に退職金を支払うことができないというデメリットもある。その他、日当の支払い、生命保険料の経費の計上、社宅など、個人事業主の農家では認められない項目が多いのだ。

農地を無償で貸し出して、農業者年金をもらう

個人事業主の農家が農業者年金の特例付加年金（または経営移譲年金）を受け取るためには、農業経営を引退しなければいけない。一般的には、後継者が農業経営を承継することを前提に引退することが多いだろう。その場合、農地の取り扱いは次の3つの方法から選択する。

❶第三者に対して有償で貸す

農業を継ぐ子供がいない場合には、第三者と賃貸借契約を締結して有償で農地を貸す方法がある。第三者との交渉やトラブルを避けたいなら、農地中間管理機構を通して契約もできる。この場合、賃貸料はお金ではなく米などの物納にし、無償で貸してもよい。もちろん、**無償で貸しても農業者年金は受け取れる。**

❷親族に対して無償で貸す

農業経営の承継は、第三者よりも、子供などの親族にさせるケースが圧倒的に多い。親族間の取引となるので、無償で貸すことが原則だ。そもそも、同居の親子間では、子供が親に支払った賃貸料は、所得税では経費として認められていない。

また、子供が複数人いる場合には、親族間であっても有償で貸すことがある。それは、相続が発生したときに、農業を継がない子供が賃貸料の入らない農地を売却する可能性があるためだ。これを避けるためにも有償にしておこう。賃貸料が受け取れる農地なら売却しないはずだ。

❸生前に一括贈与する

相続のときに、相続人の間で農地が分割されることを避けたいなら、後継者に一括贈与する方法がある。

お金の贈与は、毎年110万円までは贈与税がかからない。これでは額が少ないという場合には、毎年310万円を贈与して、20万円の贈与税を支払うという方法もある。

農地については、一括贈与しても納税猶予制度があるので、活用する

［農地中間管理機構の役割］

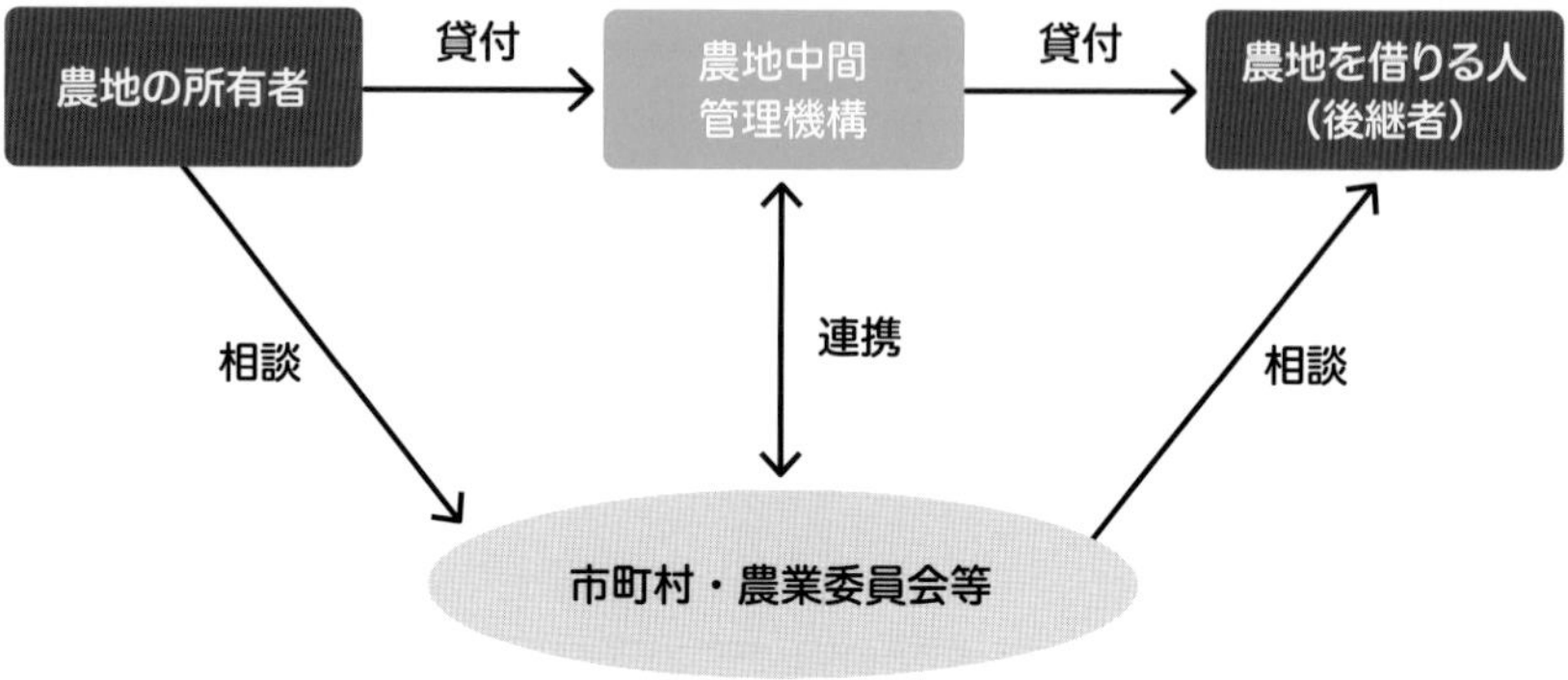

とよい。この制度は、贈与される子供が次の４つの要件を満たすことを農業委員会に証明してもらう必要があるが、それほど難しくない要件だ。

①贈与の日に年齢が18歳以上である。
②贈与の日まで引き続き3年以上農業に従事していた。
③贈与のあと、速やかに農業経営を行う。
④農業委員会の証明時において認定農業者等である。

なお、平成13年までの旧農業者年金の経営移譲年金を受け取るためには、畜産農業は続けることができ、耕種農業だけから引退すればよかった。それが、**平成14年以降の新農業者年金の特例付加年金を受け取るためには、すべての農業経営から引退する必要がある。**

［納税猶予の手続きの流れ］

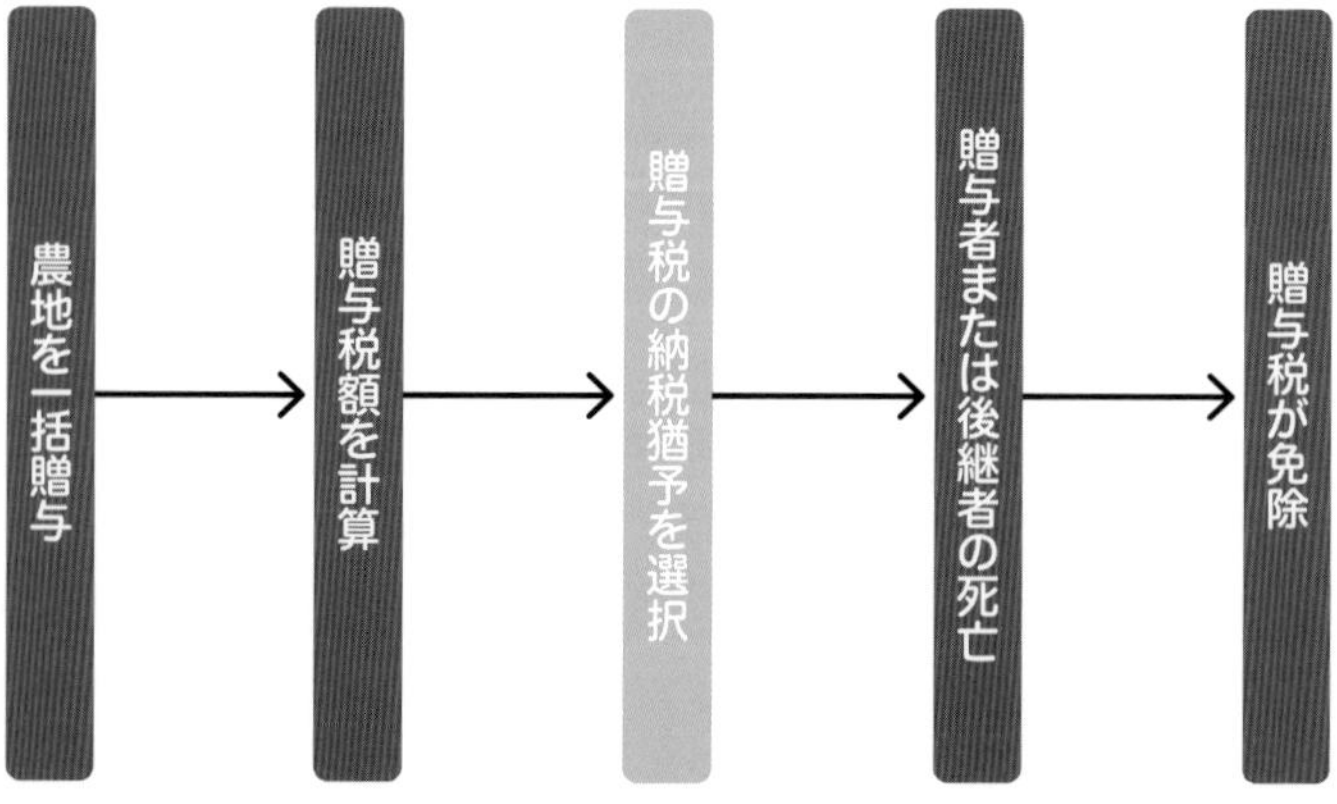

個人事業主

同居している妻に給料を支払うこともできる

個人事業主の農家は、青色で確定申告を行っているだろう。その場合、別居して生活も独立している子供が農業を手伝っていたら、税務署に届け出ることなく、労働に見合った給料を支払うことができる。

一方、同居の妻に給料を支払った場合、それが生活費なのか給料なのか判別できない。**そのため、同居の親族に給料を支払うときには、青色事業専従者として、その適用を受けようとする年の3月15日までに、税務署に金額などを記載した届出書を提出しなければいけない。**

さらに、次の3つの要件を満たす必要がある。

①その年の12月31日（死亡したときは死亡の時）において、年齢が15歳以上の者である。
②その年を通じて原則として6ヵ月を超える期間、農業に「専ら従事する者」である。
③青色事業専従者に支払う金額として適正である。

まず①は、妻であれば必ず満たせる要件だ。子供でも15歳以上ならよいことになる。

次に②は、「6ヵ月を超える期間」とされているが、これはあくまで1年間を通じて働ける場合の期間を指す。例えば、妻が1～6月は他の会社の仕事をしていて、6月末で退職して7月から農業を手伝ったとしよう。この場合、7～12月の間に2分の1を超えて従事していればよい。

また、妻が1日に4時間だけ農業を手伝っている場合でも、7時間労働のうち2分の1以上従事しているので要件を満たすことになる。

なお、1年の途中から給料を支給する場合には、従事した日から2ヵ月以内に青色事業専従者について税務署に届出書を提出しなければ、その年度は認められない。

また、②では「専ら従事する者」

とされている。例えば、妻が親から相続した不動産を所有しており、収入があったとしよう。それでも、それは不動産会社にまかせていて農業に専ら従事しているならば、給料の支払いが認められることになる。

しかし、仮に子供が設立した農業法人で妻が働いていれば、青色事業専従者になることはできない。

③は、国税庁からは給料の金額の基準は示されていない。そもそも、日本の所得税は収入が増えると税率が上がる累進課税制度を採用しているため、青色事業専従者に給料を支払って家族の所得を分散できれば、所得税は節税できる。

例えば、自分1人の1年間の農業所得が１０００万円なら、所得控除を無視すると所得税と住民税を合わせて約２７６万円の税金となる。そこで、妻を青色事業専従者として５００万円の給料を支払うことにする。すると、1年間の農業所得が５００万円に下がるため、所得税と住民税を合わせて約１０７万円となる。妻にも所得税と住民税がかかるが、給与所得控除を差し引くと、約64万円となる。２人合わせて１７１万円なので、自分1人の所得税と比べて約１０５万円も節税できる。

この所得税は毎年のことなので、仮に20年間で考えると家族全体の手取りに２１００万円もの差が出る。

これを知ると、妻の給料を高額にしたいと考えてしまうが、次の３つのことから慎重に判断してほしい。**税務調査で給料が高額と認定されると、過去に遡って超過した部分は経費から除かれることになり、ペナルティも課されるからだ。**

①労務に従事した期間、労務の性質及びその提供の程度。
②他の従業員がいれば、その給料との比較。
③農地の規模やその売上高の状況。

しかし、夫が高齢だったり病気だったりして妻のほうが主に農業で働くケースもあるし、天候などで売上に影響があったりもする。もし個人事業者の夫の農業所得より妻の青色事業専従者の給料が上回ることがあっても、それを説明できれば問題はない。

なお、個人事業者の夫の農業所得が赤字となった場合、妻が自分の確定申告を行うときに、夫を配偶者控除の対象にすることもできる。

個人事業主

父親名義の固定資産を子供に売却すべきケースとは

30年以上も個人事業主として農業を行ってきた父親が高齢となったことで引退することにした。そこで、同居していた子供が農業を継いだとする。ここでいう同居とは、生活費を支出するときの財布が同一であることを意味する。

子供にはお金がなく、父親との間で「使用貸借契約」を締結し、事業で使う農業用倉庫やトラックなどの車両を無償で借りることにする。親子という個人間で無償で物を貸し借りしても税務上の問題にはならない。

この場合、子供は父親に賃貸料を支払っていないので経費には計上できないと考えがちだが、所得税法では無償で使っていても、同居の父親が所有する農業用倉庫と車両の減価償却費について、子供の農業所得の経費に計上してよいとされている。

しかし、その減価償却の方法が問題となる。まず、平成19年4月1日以降に購入した固定資産は、新定額法で減価償却費を計算できることになった。これに対し、旧定額法では、購入した金額となる取得価額に90%をかけるため、新定額法に比べて減価償却費の金額が小さくなる。

●旧定額法　取得価額 ×90％× 定額法の償却率

●新定額法　取得価額 ×定額法の償却率

次に、平成10年3月31日以前に農業用倉庫を建てた場合、倉庫の減価償却の方法は旧定率法を選べる。

旧定率法は新定額法よりも減価償却費が大きく、有利となる。**つまり、「旧定額法＜新定額法＜旧定率法」という関係が成立する。**

ところが、父親が平成10年3月31日以前に農業用倉庫を建てていたとしても、無償で子供に貸すと有利な旧定率法は選択できない。子供が農業所得で経費に計上できるのは、強制的に最も不利な旧定額法による減価償却費とされてしまうのだ。

これを回避するには、父親が子供に農業用倉庫を売却する方法がある。子供にお金がなければ分割で支払ってもらえばよい。分割払いに対しては、原則として利息を計上する必要もない。

これにより、子供は平成19年4月1日以降に中古で農業用倉庫を購入したことになり、新定額法による減価償却を計上できることになる。

なお、農業用倉庫の減価償却費は、平成10年4月1日以降に購入した場合には、新定率法は選択できない。

さらに、農業で使う車両は、父親が平成19年4月1日以降に購入している場合、無償で子供に貸すと、農業所得で計上できる減価償却費は新定額法が強制されてしまう。ただし、車両の減価償却費については新定率法も選択できるため、新定額法であっても不利となる。つまり、**「新定額法＜新定率法」という関係が成立するため、最も有利な減価償却の方法が使えないことになる。**

実際に同居の妻が所有する車両の減価償却の方法について争った裁決事例がある。

国税不服審判所　平成27年9月2日　裁決

○夫（納税者）は医療コンサルタントとして個人で開業していて、同居している妻が所有するベンツを事業で使っていた。納税者は車両について定率法を採用すると税務署に届け出ていたことで、定率法で減価償却できると主張した。

○税務署は夫が無償で使っていることから、定額法での減価償却費の方法を採用すべきと主張した。

○結局、納税者が負けて定額法が強制適用された。

これを回避するには、農業用倉庫の場合と同様に、父親が所有する車両を子供に売却して名義変更しておくことだ。子供が税務署に新定率法で減価償却を行うことを届け出れば認められる。

なお、農業用倉庫や車両を子供といくらで売買すればよいのかという疑問もあるだろう。これは、父親の農業所得を申告する確定申告書に記載されている帳簿価額の金額で売買すれば、基本的には問題ない。

これにより、父親には売却益も発生しないことになり、所得税もかからない。

個

農業所得の赤字は、他の所得とも損益通算できる

風水害などで、個人事業主の農家の売上が減少して農業所得が赤字になることもある。この赤字は、農業所得以外の所得と損益通算できる。

この損益通算については、不動産所得、譲渡所得、または山林所得が赤字になった場合にも他の所得と損益通算できる。しかし、これ以外の所得が赤字になっても損益通算できずに切り捨てられる。

損益通算の順番も決まっている。

まず、所得を4つに分け、それぞれの区分のなかで損益通算を行う。農業所得は事業所得の1種類である。

①利子所得、配当所得、不動産所得、事業所得、給与所得、雑所得
②譲渡所得、一時所得
③山林所得
④退職所得

次に、①と②のなかだけで損益通算しきれないときには、①の赤字を、まずは②の総合課税の譲渡所得と通算して、まだ赤字が残れば一時所得と通算する。このとき、短期譲渡所得と長期譲渡所得があれば、税率の高い短期譲渡所得から優先して通算してよい。総合課税の譲渡所得とは、トラックなどの車両の売却益を指すが、売却日が属する年の1月1日時点で5年以上所有していると長期譲渡所得とみなされる。

②の赤字は、①の黒字と通算する。①に区分されている所得はすべて同じ税率なので、順番はない。

そして、①と②のそれぞれで損益通算しても赤字が残る場合には、③の山林所得、④の退職所得の順番で損益通算していく。退職所得は分離課税で税率が低いため、最後に通算してよいのだ。そして、③の山林所得が赤字になった場合には、①の黒字、②の黒字、④の黒字と順番に損益通算していく。

これらの損益通算を行って、さら

［損益通算のしくみ］

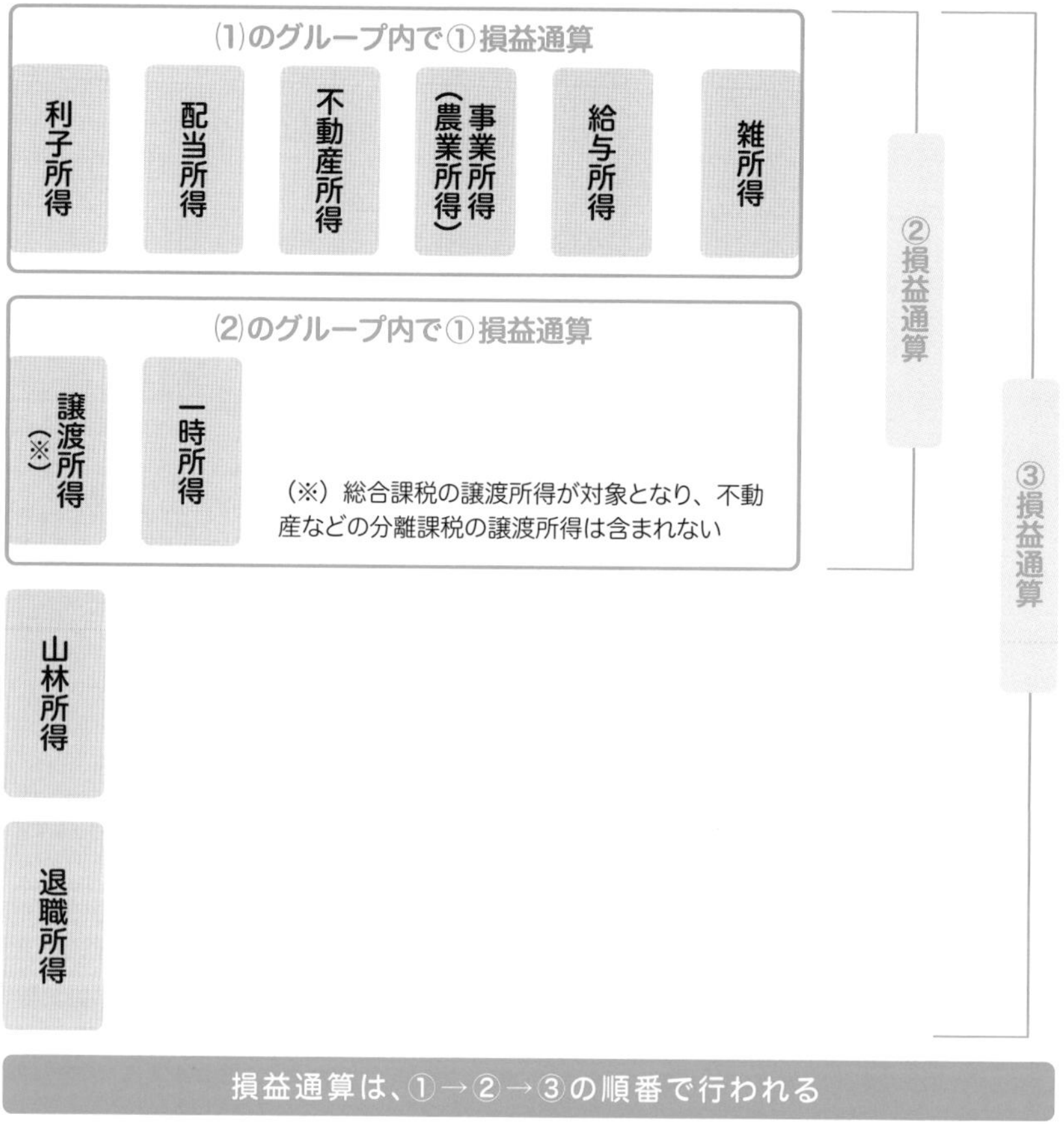

に赤字が残った場合でも、翌年以後3年間繰り越して、将来の農業所得の黒字と損益通算できる。

それでも赤字が大きい場合には、損益通算しきれずに赤字が残ることもあるだろう。そのままにしておけば、赤字は切り捨てられてしまう。そこで、**売却益が発生するものがあれば、損益通算を目的に売却するという意思決定をしてもよいだろう。**

なお、赤字の農業所得と損益通算ができる譲渡所得は、他の所得と合算される総合課税の対象となるもののみだ。

農業用倉庫などの建物、田畑などの土地を売却したときの譲渡所得は分離課税であり、他の所得とは損益通算できない。つまり、赤字の農業所得が残ったときでも、不動産の売却益と損益通算はできない。

個人事業主

自宅が災害で損壊したら、所得税を軽減してもらう

最近は台風によって自宅の屋根が飛ばされたり、床下・床上に浸水したりする被害が相次いでいる。これにより、自宅が損壊した場合には、次の❶と❷のうち有利なほうを自由に選択して、確定申告を行える。

これは、**個人事業主の農家だけではなく、農業法人の役員や従業員の給料に対しても適用できる。**

なお、所得金額が1000万円超となる者は、❶の雑損控除のみの適用となる。

❶所得税で定める雑損控除

次のどちらか大きな金額を雑損控除として、農業所得や給料などの所得金額から差し引くことができる。

⑴ 差引損失額−総所得金額×10％

⑵ 差引損失額のうち災害関連支出の金額−5万円

（※）差引損失額＝損害金額＋災害等に関連したやむを得ない支出の金額（災害関連支出の金額＋盗難や横領により損害を受けた資産の原状回復費用）−保険金等で補てんされる金額

ここでいう「損害金額」とは、損害を受けたときの直前の自宅の時価をもとにした損害の額を指す。このとき、所得金額が48万円以下であり、かつ本人と同居する配偶者などの親族が所有する自宅が損壊した場合も含まれる。

しかし、対象となるのは自宅なので、本人や同居の親族などが事業で使っている農業用倉庫や、通常は生活に必要ない別荘の損害の額は含まれない。農業用倉庫が損壊したら、その損失は農業所得の経費として認められる。別荘については、経費として認められる余地がない。

また、「災害関連支出の金額」とは、自宅や家財の取り壊し、除去などの費用を指す。

そして、雑損控除の金額が、今年の農業所得などから控除しても超過

して残額があれば、翌年以後3年間は繰り越せる。翌年以降の農業所得が黒字であれば、その残額を控除することができる。

❷災害減免法で定める所得税の免除

災害減免法の適用を受けるためには、2つの要件を満たす必要がある。

(1) 災害のあった年の所得金額が1000万円以下。

(2) 災害によって受けた損害の額が自宅または家財の時価の2分の1以上である。

これによって所得税が免除されるが、下記の図のように所得金額で変わる。

また、❶の雑損控除の適用の範囲だが、実は、地震や台風などによる災害に限られてはいない。害虫などの生物による災害や火災などの人為による災害も対象となる。

さらに、所得税では、「被害の拡大または発生を防止するため緊急に必要な措置を講ずるための支出」であれば、災害関連支出として認めている。つまり、**実際に災害にあっていなくても、切迫した被害の発生を防止する応急措置のための費用であれば、雑損控除の対象となるのだ。**

国税庁のホームページには、自宅がシロアリによって被害を受けたときの修繕費や駆除費用は、雑損控除の対象になると記載されている。そのまま放置しておけば、自宅が損壊する恐れがあるからだ。一方、シロアリの予防費用は、自宅が損壊するなどの切迫した被害の発生を防止しているわけではないため、雑損控除の対象外と記載されている。

これを災害に当てはめて考えてみよう。台風による被害が予想されているときに、事前に自宅の屋根を補強しても、その支出は雑損控除の対象とはならない。一方、積雪によって自宅の屋根が損壊する恐れがあるときに、その雪下ろしの費用は応急措置の支出として雑損控除の対象となる。

[災害減免法により免除される所得税]

所得金額	免除される所得税
500万円以下	全額
500万円超 750万円以下	所得税の2分の1
750万円超 1,000万円以下	所得税の4分の1

個人が受け取った保険金は非課税としたい

契約者は農業法人で、被保険者は役員とする医療保険に加入し、保険金の受取人を役員とすると、農業法人にメリットがないため、保険料は役員の給料とみなされ所得税がかかる。

そこで、農業法人を受取人とすれば、役員にメリットがないため、保険料は経費として計上できる。しかし、実際に病気になるのは役員なので、農業法人が受け取った入院給付金や手術給付金、または通院給付金などの保険金を役員に支払うとする。

もし農業法人が見舞金という名目で5万円程度を支払うならば、所得税はかからない。ただし、これを超えた金額を支払うと、その部分は役員の給料とみなされてしまう。しかも、役員の臨時の給料となるため、農業法人の経費としては認められない。つまり、法人税と所得税との二重課税になる。

では、個人で医療保険に加入したらどうだろうか。個人事業主の農家が、本人が契約者兼保険料負担者、被保険者、受取人となっても保険料は農業所得の経費に認められない。

所得税の確定申告では、生命保険料控除が認められているが、最大で12万円だ。しかも、これは医療保険だけではなく、本人が他の生命保険に加入していればそれも合算した場合の上限なので、ほとんど経費としては認められないと言ってもよい。ところが、個人事業主が病気となり、個人が保険金を受け取っても非課税で、所得税はかからない。

これは、「損害保険契約に基づく保険金及び生命保険契約に基づく給付金で、身体の傷害に基因して支払を受けるもの並びに心身に加えられた損害につき支払を受ける慰謝料その他の損害賠償金は非課税となる」と定められているためだ。

要するに、農業法人で医療保険に

加入すると最初の保険料は経費と認められるが、病気になってもらう保険金には所得税がかかる。

一方、**個人で医療保険に加入すると、最初の保険料はほとんど経費として認められないが、病気になってもらう保険金は非課税となる。**困ったときに受け取る保険金に課税されないほうがよいので、基本的に医療保険は個人で加入したほうがよいだろう。

すでに農業法人で医療保険に加入している場合でも、契約者を個人に変更して、受取人も個人に変更すればよい。一般的に医療保険は解約返戻金がゼロなので無償でよい。もしかしたら少額の解約返戻金がある可能性もあるが、その場合でも解約返戻金で売買すれば問題がない。

なお、保険事故、つまり役員が病気になってから契約者と受取人を個人に変更しても非課税とはならない。保険事故が発生した時点で、農業法人が保険金を請求できる権利を保有してしまうからだ。

また、農作物共済、畑作物共済、果樹共済、園芸施設共済などの共済金を個人事業主の農家が受け取ることもあるだろう。

棚卸資産の損失に対して受け取る共済金は農業所得の収入として計上しなければいけない。このとき、計上する時期は、果実を除く農作物の場合は棚卸資産の損失が生じた時点となる。果樹共済の収穫共済金は、損失が生じた果実の収穫期に合わせて計上すればよいとされる。

一方、**農業で使っている固定資産が突発的な事故で損失を生じた場合に受け取る共済金については、所得税は非課税とされている。**ただし、固定資産に生じた損失は「資産の帳簿価額−処分価値」として計算されるが、これを農業所得に計上するならば、それを補てんするものなので控除する必要がある。結果的に、共済金が損失を超えた部分だけが非課税となるのだ。

果樹共済で、収穫共済金ではなく、樹体共済金を受け取ることもある。これは固定資産に対する共済金なので非課税だが、やはり樹体の損失から控除する。しかし、確定申告時期までに樹体共済金の金額が確定しないこともある。その場合でも見積金額で計算し、あとで確定額と異なったときには、修正申告や更正の請求で対応しなければならない。

なお、個人事業主の農家が受け取った生命保険金も共済金も消費税はかからない。

個人事業主

家族の医療費は合計して経費に計上できる

家族の誰かが風邪をひいたり、農業でケガをしたり、ギックリ腰になったりすることはいつでも起こる。新型コロナウイルスなど新しい感染症にかかるということもあり得る。

このとき、病院に通って治療すると、その領収書は確定申告のときに、医療費控除として経費に計上できる。

これは**農業所得の経費としてだけではなく、農業法人の役員や従業員として給料を受け取っている場合にも、経費として認められる。**

医療費控除は次のように計算する。

医療費控除（上限1人当たり200万円）＝医療費の1年間の合計額－保険金などで補てんされる金額－10万円（※）

（※）その年の総所得金額等が200万円未満の人は、総所得金額等の5％の金額

この数式から1年間の医療費の合計額が原則は10万円を超えないと、医療費控除はゼロ円となることがわかる。

例えば、夫が個人事業主の農家で、同居している妻と妻の母は農業を手伝っていて、2人とも青色事業専従者として400万円ずつ給料をもらっているとする。夫も含めて各人の1年間の医療費が10万円を超えていなければ、誰も医療費控除を差し引くことができないと考えてしまいがちだ。

この場合、同居していれば3人の医療費は同じ財布から支払っているだろう。医療費は窓口で現金で支払うことが多いため、振り込みでない限り、誰が支払っているかは判然としない。それでも、夫が負担していると主張できるのであれば、家族全員の分を合計して申告できる。

医療費控除の金額＝4万円（夫）＋6万円（妻）＋9万円（妻の母）－10万円＝9万円

家族の医療費は合計できないと勘

違いしていたら医療費控除はゼロ円だが、合計できることを知っていれば、9万円の経費が計上できる。

さらに、夫は住宅ローン控除を適用しているため、所得税がかなり低いことがわかったとする。その場合には、合計した医療費については、青色事業専従者である妻の給料の経費として申告してもかまわない。

さらに、今年は妻の給料に対する経費として申告するが、今年で夫の住宅ローン控除の適用が終わるなら、翌年からは夫の農業所得に対する経費として申告することも問題ない。

また通常、自宅から歩いて通える範囲に、すべての診療科目（内科、小児科、眼科、耳鼻咽喉科、整形外科、産婦人科など）の病院があるケースは少ない。

そのため、バスや電車で病院に通うことも多いだろう。**こうした病院に通うための旅費交通費は、すべて医療費控除として合計してよい。**電車の場合は、領収書の代わりとなる切符は回収されてしまうので、これらの旅費交通費の領収書は保存できないが、ノートに自宅から病院の最寄りの駅、またはバス停までの旅費交通費を記載しておけば問題ない。

さらに、幼児がいれば、幼児は1人では病院には通えないので、付き添いの大人の旅費交通費も対象となる。未就学児は、市町村が自己負担分を補助して、医療費がゼロ円となっていることが多いが、そのゼロ円の領収書があれば、大人が付き添いで病院に行ったことの証明となるので捨てないように気をつけよう。幼児でなくても、足が悪い母親に付き添ってバスで病院に行ったときなどには、付添人のバスの運賃も医療費控除に合計できる。

旅費交通費は、1回だけでは往復でも500円程度にしかならないかもしれない。だが、家族で1年間に合計100回（妻の母や幼児は多いと予想される）も病院に通ったとすれば、それだけで5万円にもなる。

なお、自家用車で病院に通った場合のガソリン代は医療費控除の対象にはならない。同居する妻に乗せてもらったとしても同様だ。

それに対して、**体調が悪くてタクシーで病院に行った場合には、その領収書は医療費控除の対象となる。**タクシーでなくても、近所の隣人に車で送迎してもらい、お礼のお金を支払ったら、それも医療費控除として合計してかまわない。

第3章

農業の**事業承継**をすることで何ができるのか

農地や株式の贈与税・相続税がゼロになる特例を知っているか？

もともと、農地には贈与税の納税猶予の制度と相続税の納税猶予の制度がある。これに対して、農業法人の株式については、贈与税は3分の2まで、相続税を約53％まで納税猶予してくれる一般措置の制度と、どちらも１００％まで納税猶予してくれる特例措置の制度がある。

1 農地に対する贈与税の納税猶予

農地に対する贈与税の納税猶予の制度のポイントは２つ。

１つ目のポイントは、一部の農地ではなく、農地の全部を後継者に贈与すること。農地が細分化されてしまうことで作業効率を下げたくないという政策があるからだ。

２つ目のポイントは、後継者が農業を続けている限り、納税猶予が続くということ。農業を辞めてしまうと納税猶予は打ち切られ、本税と利子税を合わせて支払う必要がある。

ところが、これでは後継者が農業法人を設立して、自分の農地を貸し付けたら、納税猶予が打ち切られてしまう。それを避けるために、次のどちらかであれば、納税猶予が続くことになっている。

①納税猶予の適用から10年（貸し付けるときに65歳未満ならば20年）経過したあとで農地等について特定貸付を行う場合。
②身体障害等により農業経営が困難となり、農地等について貸付を行う場合。

ここでの「特定貸付」とは、次の３つのどれかの事業で貸し付けを行うことだ。

①農地中間管理事業
②農地利用集積円滑化事業
③利用権設定等促進事業（農用地利用集積計画）

ほとんどの場合、③の利用権設定等促進事業を使って貸し付けが行われる。この手続きは、市町村が本人に代わって契約書（農用地利用集積計画）を作成し、行政処分によって賃貸借または使用貸借の設定をする。

［農地の相続税の納税猶予］

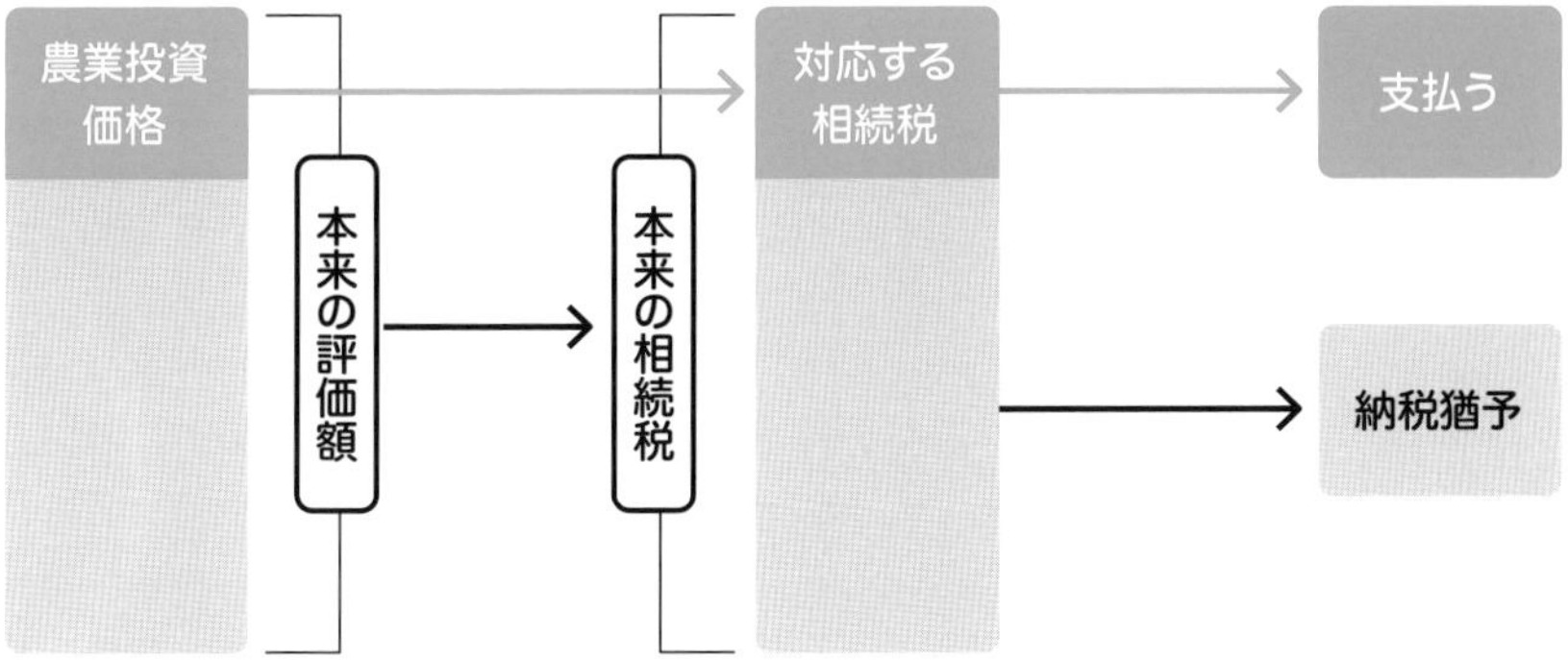

このあとに忘れてはいけないのは、**特定貸付を行った日から2ヵ月以内に、市町村が発行する証明書を添付して税務署にその旨を届け出る必要があることだ。**

納税猶予された贈与税は、贈与者または後継者が死亡すると免除される。一般的には、贈与者が先に死亡するので、納税猶予となっていた農地は相続税の対象となる。このとき、相続税を支払ってもよいし、相続税の納税猶予の制度を適用することもできる。

2 農地に対する相続税の納税猶予

農地に対する相続税の納税猶予の制度は、贈与税の納税猶予と違い、相続税の全額が猶予されるわけではない。猶予される相続税は、あくまで農地などの価額のうち、農業投資価格を超える金額に対応する相続税とされている。

農業投資価格とは、恒久的に農業が行われるとした場合に通常成立する取引価格として税務署が決定した価格を指す。これにより、**農地の評価額がゼロということはなく、農業投資価格に相当する相続税は納税猶予されない。**

そして、市街化区域内の農地と市街化区域外の農地で、要件が分かれる。市街化区域内の農地は、基本的には、宅地に転換してほしいという政策があるからだ。

市街化区域内の農地は、被相

続人が農業を行っていて、かつ後継者である相続人が農業を引き続き行うことが前提となる。市街化区域外の農地は、被相続人が農業を行っていた、または特定貸付が行われていて、かつ後継者である相続人が引き続き農業を行うか、または特定貸付を行うことが前提となる。

さらに、次の3つのどれかに該当すれば、納税猶予された相続税が免除される。

①相続人が死亡した。
②相続人が生前に、後継者に農地を一括贈与した。
③市街化区域内は、後継者が20年間農業を行った。

③については、三大都市圏の特定市の生産緑地地区内は、後継者が終身まで農業を行わないと免除されない。

最後に、相続税の納税猶予も、農業を行っていた後継者が特定貸付に切り替えたときには、その日から2ヵ月以内に市町村が発行する証明書を添付して税務署にその旨を届け出る必要がある。

3 一般措置の事業承継税制

一般措置の事業承継税制では、農業法人の株式を先代の代表取締役から贈与されたときに、後継者は、議決権割合の3分の2までの贈与税について納税猶予される。ただし、そのあとに後継者が株式を売却する、農業法人を解散するなど、一定の要件を満たせなくなると納税猶予は打ち切られて、本税と利子税を支払うことになる。

そして、贈与者が死亡したときには、納税猶予されていた贈与税が免除される。それと同時に、株式は相続税の対象となるため、その時点で相続税を支払うか、または相続税の納税猶予を選択する。

農業法人の株式について、一般措置の相続税の納税猶予は、議決権割合の3分の2まで、かつその80%に対応する相続税が納税猶予の対象となる。つまり、約53%（=3分の2×80%）のみが納税猶予されて、残りの47%の相続税は支払うことになる。

贈与税と同様に、一定の要件を満たせなくなると納税猶予は打ち切られる。

この一定の要件とは数多くあ

るが、最も問題となるのは、**後継者が株式を贈与されてから農業法人の雇用を5年間、8割を維持できないと納税猶予は打ち切られてしまうことだ。**

農業法人で働いている従業員が辞めてしまうことは、代表取締役の本人の意思によって改善できることではない。そのため、一般措置の事業承継税制はリスクがあり、これを利用する農業法人はほとんどないと予想される。

4 特例措置の事業承継税制

特例措置の事業承継税制では、農業法人の株式を先代の代表取締役から贈与されたときに、後継者の贈与税が100%納税猶予できる。

そして、贈与者が死亡すると贈与税は免除されて、株式は相続税の対象となるため、相続税を支払うか、相続税の納税猶予を使うかを選択する。このときも、特例措置で相続税の支払いを100%納税猶予することができる。

一般措置と同様に贈与税の納税猶予も、相続税の納税猶予も一定の要件を満たせなくなると打ち切られて、本税と利子税を支払うことになる。ただし、**一定の要件のなかから、後継者が株式を贈与されてから農業法人の雇用を5年間、8割を維持することが実質削除されているため、一般措置に比べて使いやすい制度と言える。**

しかも、例えば、農業法人の株式のうち、父親が80%、母親が20%の議決権割合を所有していたとする。このとき、父親が子供に贈与する株式だけではなく、母親が子供に贈与した株式に対する贈与税も100%納税猶予の対象となる。

この特例措置を適用するための贈与者の要件はいくつかあるが、基本的に過去に農業法人の代表取締役であったこと、贈与の直前において、50%超の議決権を所有しているだけでよい。

後継者の要件も、18歳以上で役員の就任から3年以上経過していればよく、クリアすることは難しくない。

ただし、特例措置の事業承継税制は、令和9年12月31日までの贈与、または相続にのみ適用できる点に注意が必要だ。

継

事業承継

農業法人の株主は、最初から後継者にしておくべき

個人事業主の農家である父親が、子供に事業を承継させるなら、子供が個人で承継する場合と、農業法人を設立して承継する場合がある。**農業法人で承継するなら、株主は最初から後継者である子供にするべきだ。**

その理由は、農業法人に利益が出ると株式の評価が上がり、その株式を子供に贈与すると多額の贈与税がかかるからだ。ときには親族で遺産分割の争いとなることもある。ただし、農業法人の株主を最初から後継者の子供にする場合は、注意点がある。

❶父親が受け取る賃貸料について

後継者である子供には資金力はないだろう。その場合は父親が農業法人にお金を貸し付けて、父親が所有する農地、農業用倉庫、農業機械などの固定資産を買い取ることになる。

とはいえ、これらをすべて買い取るには多額の資金が必要となるため、父親が農業法人に固定資産を貸し付けることにする。この場合の賃貸料はいくらでもよい。ただし、父親が銀行からの借金で農地を購入していると、支払利息より農地の賃貸料が安ければ不動産所得は赤字となる。この赤字は、他の所得とは損益通算ができない。

また、農業機械の賃貸料は父親の雑所得となるが、修繕費や減価償却費よりも賃貸料が安くて赤字になった場合も、他の所得とは損益通算できない。とすれば、それほど高額ではない農業機械は農業法人が買い取る方法を選択すべきだ。売買価額は、父親の確定申告書に計上されている帳簿価額で問題ない。

❷補助金の対象資産の引き継ぎ

国からの補助金によって個人事業主や集落営農組織が購入した農業機械を農業法人に売却する場合には、財産処分に係る承認を受ける必要がある。**有償による売却や貸付でも、補助条件を承継するならば、補助金**

を返還しなくてもよい。しかし、補助金の対象となる固定資産の所有者が、農業法人を設立したあとも経営を行うこと、つまり、経営の同一性と継続性がなくてはいけない。このとき、個人事業主の農家であった父親が農業法人の出資者となる必要はなく、役員に就任するだけでよい。

なお、農業法人の設立時に経営の同一性と継続性を満たせたとしても、処分の制限期間内（原則：法定耐用年数内）に要件を満たせなくなれば、補助金の返還の対象となる。

❸農業経営基盤強化準備金の処理

個人事業主の父親が積み立てた農業経営基盤強化準備金は、農業法人に引き継がせることはできない。そのため、農業経営基盤強化準備金の対象となる固定資産を購入して、残高をすべて取り崩してから、農業法人に貸し付ける必要がある。

［子供が農業法人の株主となる場合］

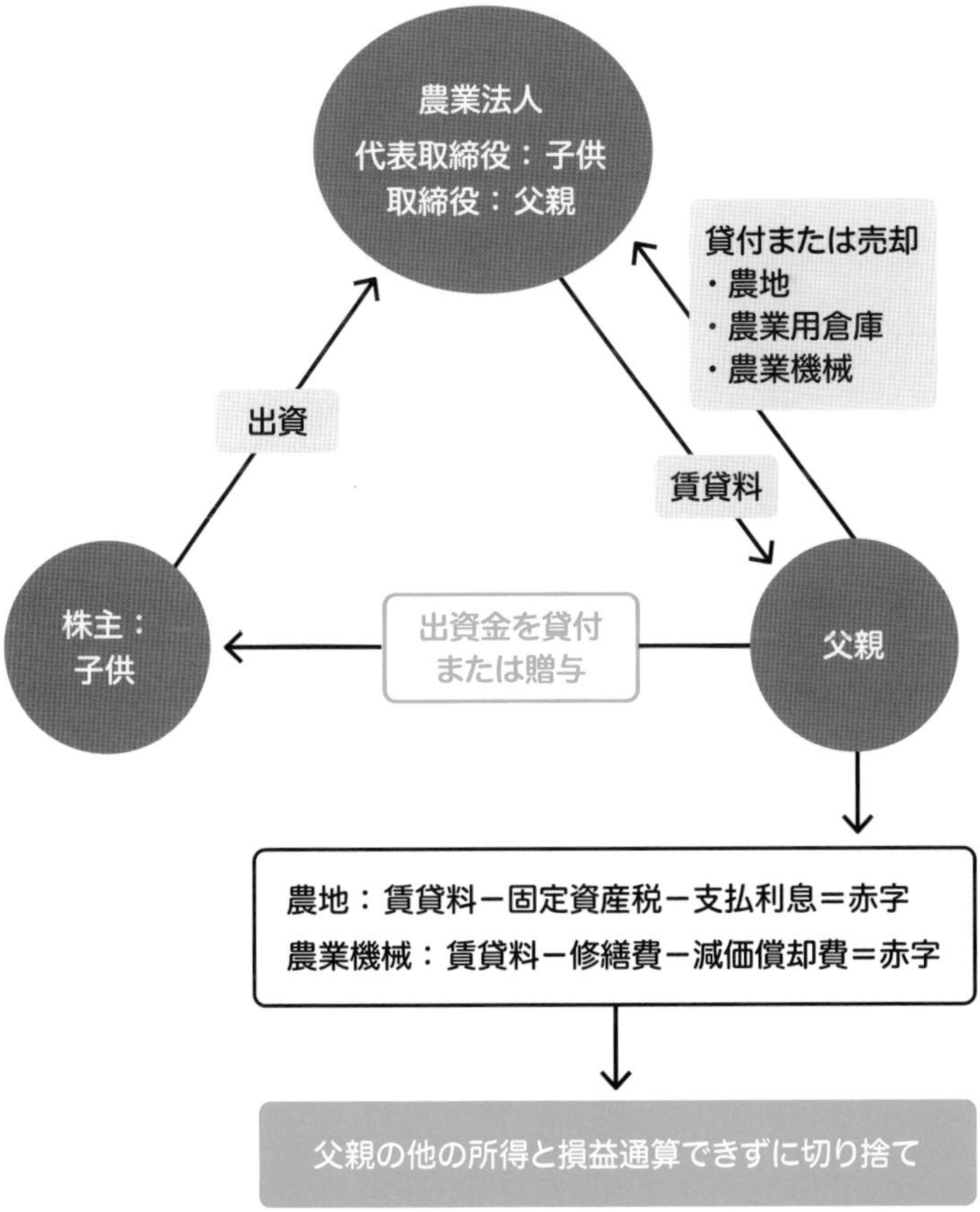

事業承継

事業承継

生前に農業法人に農地を売却すれば相続でももめない

農地を所有する父親の相続が発生すると、その農地は遺産分割協議によって相続人を決めることになる。一般的には、農業の後継者が農地を相続すべきだろう。ところが、父親の相続財産の大部分を農地が占めていると、他の相続人も農地を相続したいと主張する可能性がある。

そもそも、民法には法定相続分が定義されているが、財産をどのように分けるかは相続人の間で自由に決定できる。ただし、**親族間でもめたら法定相続分で分けるしかない。**裁判となっても同様だ。

仮に、農業の後継者でない相続人が農地を相続したら、売却してしまうかもしれない。これを防ぐには、父親が遺言書で「後継者が農地を相続する」と指定しておく方法がある。それでも、民法では相続人の最低限の取り分として遺留分が認められている。遺留分は金銭債権なので、後継者がお金で精算すればよいのだが、後継者にお金がなければ、農地の一部を売却するしかない。

なお、父親が生前に贈与していた財産の時価も含めて遺産分割や遺留分の対象とされる。そのため、農地を後継者に贈与していたとしても、その時価を含めた財産をもとに法定相続分や遺留分が決定される。

そこで、父親の生前に、後継者が農業法人を設立して農地を買い取る方法がある。最初から農業法人の100%の株式を後継者が所有すれば、父親の相続が発生しても株式の所有者でもめることはない。このときに購入するお金は銀行から借りる方法があるが、農地だけの担保では設立間もない農業法人がお金を借りることができないかもしれない。その場合には、父親が農業法人にお金を貸すことになる。**父親が農地を売却するのに、そのお金を父親が貸すのはおかしな感じだが、まったく問**

[父親が農業法人にお金を貸付]

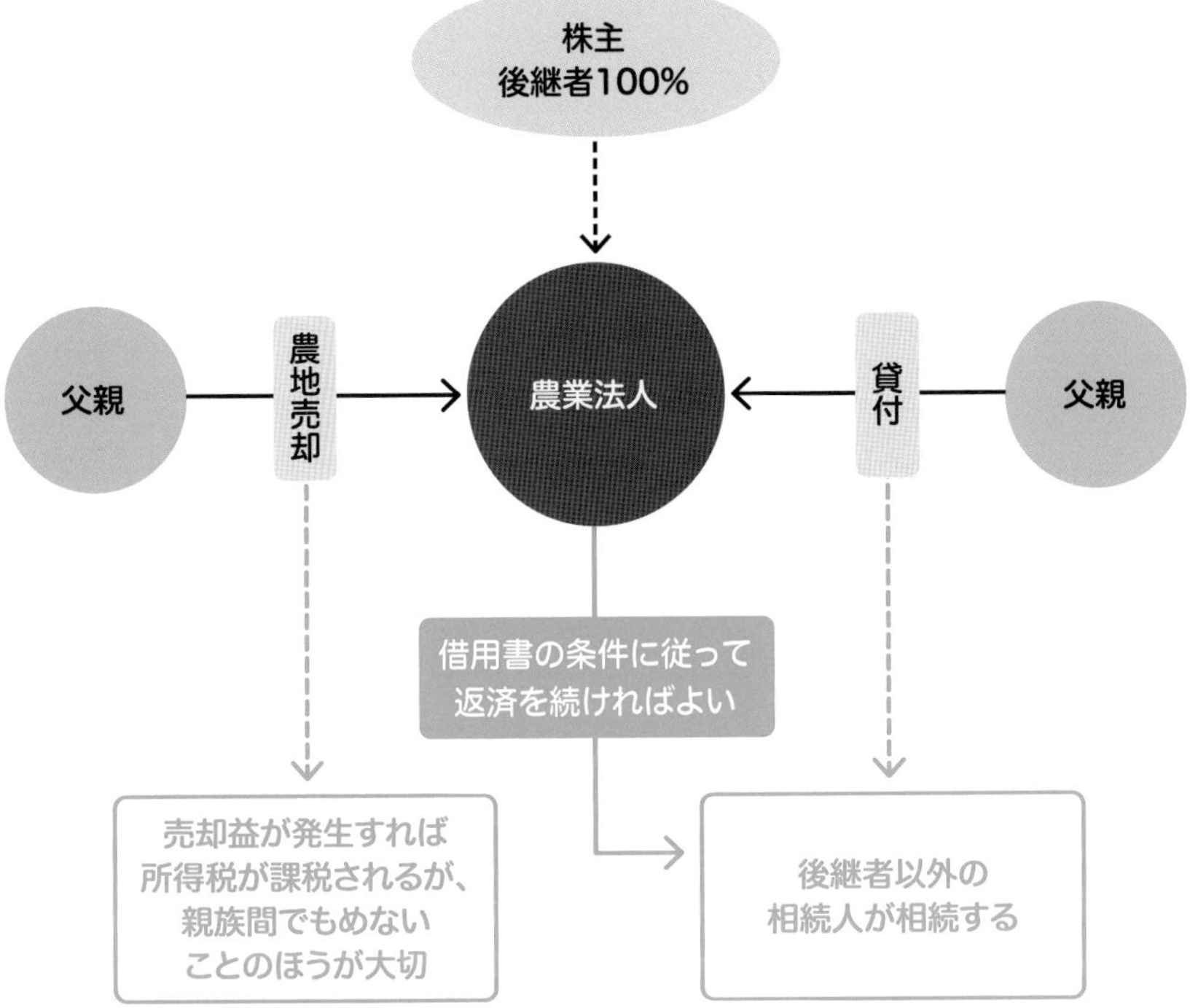

題ない。金利の利率も自由に決めてよい。

　では、この貸付金の返済が終わらないうちに相続が発生したらどうなるのか？　他の相続人もこの貸付金を相続したいと主張するかもしれない。それでも、父親と農業法人との間で金銭賃貸借契約書（借用書）を作成して返済を続ければよく、親族間でもめて農地が切り売りされることもない。

　この方法で注意すべきなのは、父親が農地を時価で農業法人に売却しなければいけないことだ。売却益が発生すれば、譲渡所得として20％の所得税がかかる。売却損が発生すれば、他の不動産の譲渡所得とは損益通算できるが、他の所得とは不可となり、繰り越しもできない。

事業承継

農業法人の株式の評価が下がるタイミングがある

すでに子供が農業法人の株式を所有していれば、事業承継の問題は発生しないが、父親が所有している場合には、その株式が相続税や贈与税の対象となる。それはどのような評価方法となるのか、評価を下げる方法があるのかを確認しておこう（農業法人が上場することはほとんどないため、ここでは非上場の農業法人を前提とする）。

非上場の農業法人の株式を評価する方法は2つに分けられ、どちらを適用するかは自動的に決定される。

❶原則的評価方式について

父親やその親族で農業法人の議決権を50％超所有していると、その株式は次の原則的評価方式の計算方法で評価する。

株式の評価＝類似業種比準価額×L＋1株当たりの純資産価額×（1－L）
L：会社の規模区分が大きいほどLは高くなる。
ただし、「純資産価額≦類似業種比準価額」の場合には、純資産価額のみの評価でもよい。

純資産価額とは、農業法人の資産と負債を相続税の評価に洗い替え、その評価差額から法人税額等相当額を差し引いた残りの金額のこと。類似業種比準価額とは、農業法人の配当金額、利益、簿価純資産価額の3つの指標を同業種の上場会社の指標と比べて評価した金額のことだ。

一般的には、純資産価額のほうがかなり高くなる傾向にあるため、Lの値が大きいほう、つまり、大会社ほど株式の評価は下がることになる。

❷特例的評価方式について

父親とその親族で農業法人の議決権の50％超を所有していれば、それ以外の株主は少数株主となる。

少数株主には農業法人を支配する権利はなく、配当のみを期待する存在なので、特例的評価方式として次の計算方法のように、1年間の配当金額を10%で還元して評価する。

株式の評価=農業法人の年間配当金額÷10%×1株当たりの資本金等の額÷50円

特例的評価方式は農業法人の資産や利益に連動することはなく、評価はかなり低くなる。そのため、少数株主の株価対策は必要ない。

これらを踏まえて、父親が所有する農業法人の株価対策はどうすればよいかを考える。

まず、父親が所有する株式は、原則的評価方式によって評価される。そこで、純資産価額が下がったときが、株式の評価が下がるタイミングと言える。**純資産価額が最も大きく下がるタイミングとは、父親が農業法人の代表取締役を辞任して、退職金を支払ったときとなる。**それ以外にも、大型の農業機械を除却した、風水害で巨額な赤字となった場合でも純資産価額は下がる。このとき、類似業種比準価額についても、利益と簿価純資産価額は同じ要因で下がる。つまり、すべての規模区分の会社の株式の評価が下がると言える。

それでも、類似業種比準価額は上場会社の指標と比べるため、景気がよく上場会社の株価が上がっているときには、自動的に上がってしまう。

また、株価が下がったときに父親の相続が発生するとは限らないため、子供へ株式を生前に贈与することが前提だ。

次に、特例的評価方法を利用するケースもある。例えば、農業法人の株式の一部を親族ではない従業員に所有してもらう方法だ。そうすれば、相続税や贈与税の対象となる株式数を減らすこともできる。しかも、父親から従業員に売却する株式は特例的評価方式で評価できる。父親に所得税はかからず、従業員も多額の資金を準備する必要がない。

ただし、その従業員が辞めるときに所有する株式を父親が買い取ると、原則的評価方式となってしまう。それに、そもそも従業員が売却してくれないという事態もあり得る。

そこでおすすめするのが、**農業法人で従業員持株会を作り、そこに株式を所有してもらう方法だ。**従業員持株会の規約で、辞めるときには、従業員持株会に売却すると定めておけば、特例的評価方式で評価でき、かつ、もめることもない。とはいえ、従業員持株会に株式を所有してもらうなら、一定の配当は出す必要があるだろう。

事業承継

アグリビジネス投資育成会社に増資してもらうメリット

アグリビジネス投資育成会社とは、農業法人への出資を目的に、農林中央金庫やＪＡなどが51％、日本政策金融公庫が49％で共同出資して設立された、農林水産省が監督する機関である。

組織の構成のみならず、相談にのってくれる従業員も、農林中央金庫と日本政策金融公庫からの出向となっている。

アグリビジネス投資育成会社からの出資は、大きく分けて農業法人の財務の健全化と、円滑な事業承継の目的で利用されている。

❶財務の健全化を目的にする

農業法人が重量鉄骨造りの農業用倉庫を建てたとしよう。この農業用倉庫の耐用年数は31年となる。倉庫を建てるときに日本政策金融公庫から最長で25年で借入できたとしても、自己資本比率が下がってしまい、追加の運転資金を調達できない恐れがある。

そこで、アグリビジネス投資育成会社に増資してもらうことを考えてみるのだ。これによって自己資本比率を上げることができる。しかも、アグリビジネス投資育成会社が実際に増資のお金を出してくれることになるため、資金調達もできる。

もし、**日本政策金融公庫に長期の借入金の申請を行うことを考えているなら、アグリビジネス投資育成会社にもセットで声をかけるべきだろう。**

❷円滑な事業承継を目的にする

アグリビジネス投資育成会社が農業法人に出資するときには、特例的評価方式である配当還元で評価する。当然、アグリビジネス投資育成会社は少数株主なので、特例的評価方式という低い価額でも問題ない。

そして、農業法人は基本的には上場できないため、アグリビジネス投資育成会社が出資金を回収するため

［アグリビジネス投資育成会社との取引］

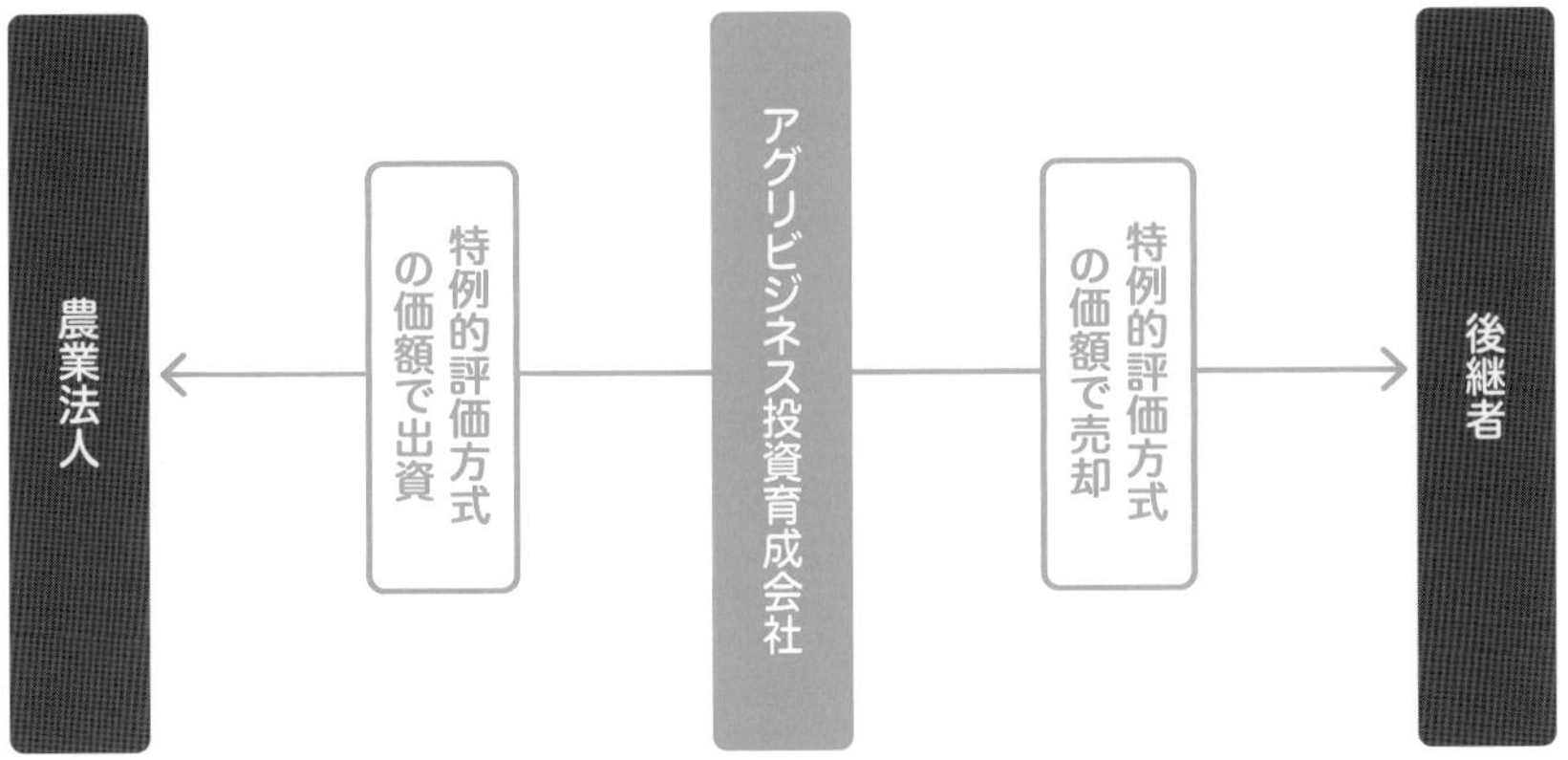

には、自分が出資した株式を売却する方法しかない。

そこで、最初からおおむね10年を目途に、後継者の子供などに買い戻してもらう計画を立てたとする。通常であれば、後継者は支配株主の親族に属するため、原則的評価方式による価額で買い戻さなければならない。ところが、特例で、**アグリビジネス投資育成会社から買い戻す場合は、特例的評価方式の価額で売買してよいことになっている。**

また、アグリビジネス投資育成会社が特例的評価方式の価額で増資すると、希薄化により農業法人の純資産価額が下がり、父親が所有する株式の原則的評価方式の評価も下がる。このときに、父親から子供に農業法人の株式を贈与すると、節税対策にもなる。

さらに、後継者になるのが子供ではなく、第三者に農業法人を継いでもらう場合でも、アグリビジネス投資育成会社の増資は役に立つ。

仮に、父親の引退後も、父親としては農業法人の株式を所有して配当をもらいたいという希望があったとする。しかし、議決権の50％超は後継者である第三者が所有するため、父親には配当してくれない恐れもある。そのときに配当させることを強制する権限もない。

このようなケースが起こった場合、アグリビジネス投資育成会社が増資していれば農業法人との間で投資契約を締結するため、配当のルールが明確化できるようになる。これで、父親も確実に配当を受け取ることが可能となるのだ。

[アグリビジネス投資育成会社の増資による効果]

貸借対照表

資産総額	負債・純資産
資産総額 時価 3億円	借入金 2億7,000万円
	純資産価額 3,000万円

自己資本比率
10%
＝3,000万円÷3億円

1株当たりの純資産価額
1万円（3,000株発行）

アグリビジネス投資育成会社が
1株4,000円で2,000株を増資

貸借対照表

資産総額	負債・純資産
資産総額 時価 3億800万円	借入金 2億7,000万円
	純資産価額 3，800万円

自己資本比率
12.3%
＝3,800万円÷3億800万円

1株当たりの純資産価額
7,600円（5,000株発行）

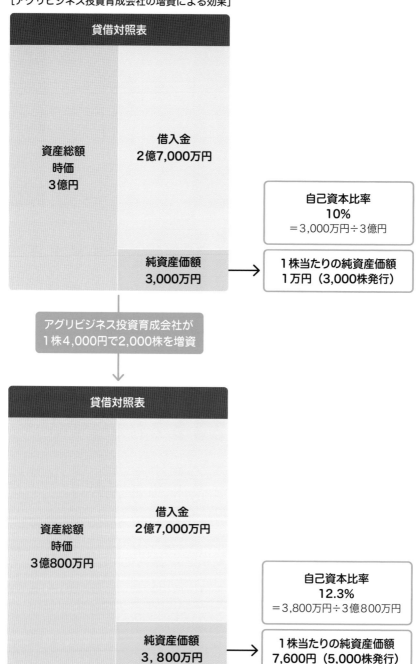

事業承継

個人間で農業を継ぐときは、贈与を最大限に活用する

農業法人は設立せずに、父親から子供に個人間で農業を承継することもある。このとき、贈与と使用貸借をうまく使うと無駄な税金が発生しない。

❶棚卸資産を承継する方法

父親が所有する棚卸資産は、できる限り、子供に継がせる前に第三者に販売しておきたい。販売したあとに残った棚卸資産は、子供に贈与するか、売却する。売却した場合には、父親の確定申告書に記載されている帳簿価額で評価してよいので所得税はかからないが、課税事業者の場合には消費税が発生する。

消費税が発生するなら、**原則としては棚卸資産を贈与すべきだ。**棚卸資産の評価が110万円以下であれば、1年間の基礎控除額以下なので贈与税はかからない。110万円超となったとしても贈与する日を工夫して、例えば2年間で、12月31日と翌年の1月1日に分けて贈与すれば、220万円までは無税となる。もし220万円も超えるならば、相続時精算課税制度を利用しよう。

相続時精算課税制度とは、毎年110万円の基礎控除額を超えて贈与した金額の累計が2500万円となるまでは贈与税がかからず、2500万円を超えたら、その金額の20%の贈与税を一旦支払っておくという制度だ。

そして、父親の相続のときに、基礎控除額を超えて贈与していた棚卸資産を子供が相続したとみなして相続財産に加算して相続税を計算する。そのとき、「支払った贈与税≧相続税」となれば差額が還付されて、「支払った贈与税≦相続税」となれば不足分のみを追加で納付することになる。とはいえ、肉用牛などの畜産以外で、そこまで棚卸資産の評価が高くなることは想定されず、220万円以下に納まるはずだ。

事業承継

❷固定資産を承継する方法

固定資産については贈与や売却はせずに、父親が子供に貸し付ければよい。同居していない子供に貸すならば、有償で賃貸料を支払ってもらい、父親は不動産所得などとして申告する。

問題は、同居している子供に貸し付けるときだ。同居して生活費を支出する財布が同一の場合には、子供が父親に賃貸料を支払っても農業所得の経費としては認められない。父親も、賃貸料をもらっても収入とはならない。そこで、無償の使用貸借として貸し付けるのが一般的だ。

このとき、父親が所有する農業用倉庫、農業機械、車両などの固定資産は、子供の資産として計上して減価償却を行っていく。このとき、税務署は、これらの固定資産が父親から子供に贈与されたのか、無償で貸し付けているのかわからない。

そこで、税務署は「父子間における農業経営者の判定ならびにこれにともなう所得税および贈与税の取扱について」というものを公表している。これによれば、まず農地や農業用倉庫などの不動産については、都道府県知事の許可を受けなかった り、名義を変更する登記を行わない限り、贈与があったとは認めないとしている。

次に、それ以外の動産については、原則は贈与とみなされてしまうが、書面で留保する旨を記載して税務署に届け出ればよいとされている。この書面の様式は決まっていないが、書面を受理しない税務署もある。その場合には子供に売却してしまったほうが無難だ。

「父子間における農業経営者の判定ならびにこれにともなう所得税および贈与税の取扱について」の内容はこちらになる。

父子間における農業経営者の判定ならびにこれにともなう所得税および贈与税の取扱について
昭和35年2月17日

国民年金法（昭和34年法律第141号）による老齢福祉年金の特別支給の開始にともない、従来父が農地等の所有者であることなど農村における特殊事情から父が引き続き農業の経営者であると申告していたものにつき、子を農業の経営者としたい旨の申し出があった場合の農業経営者の判定およびこれに関連する贈与税の取扱を、下記のとおり定めたから、これにより取り扱われたい。

一　農業経営者の判定について

1　子を農業の経営者であるとする申告があった場合において、子がおおむね30歳以上で生計を主宰するに至ったと認められるときはもちろん、従来の生計の主宰関係にさしたる変化がないときでも、父が老齢福祉年金の受給資格年齢（70歳）以上に達し、子が生計を主宰しうるに至っていると認められるときは、その申告を容認することに取り扱うものとすること。

2　1により農業の経営者が子に移ることを容認する場合においては、これにより老年者控除の適用がなくなることなど容認にともなう問題点を予め十分に説明し、特別な事情（その後子が死亡しまたは生計を別にするに至るなど）がないにもかかわらず、再び父を農業の経営者に変更することがないよう特に指導すること。

二　贈与税の取扱について

一の1により農業経営者が子に移ったことを容認した場合の農業用財産に対する贈与税の課税については、次により取り扱うものとすること。

1　不動産のうち、農地および採草放牧地の所有権の移転は、農地法第3条の規定により都道府県知事の許可を受けなければできないことになっているから、その許可を受けないものについては贈与税の問題は生じないことに留意すること。

2　農地および採草放牧地以外の不動産については、特に贈与したと認められるものを除いては、贈与はなかったものとすること。

3　不動産以外の農業用財産については、贈与があったものとして取り扱うこと。ただし、たな卸資産および果樹以外の農業用財産で特に書面で贈与を留保する旨の申出があり、かつ、その申出のあった財産の価額を旧経営者を被相続人とする相続財産価額に算入することを了承したものについては、その申出を容認しても差し支えないものとすること。

事業承継

父親の名義の農業用倉庫を後継者に贈与する

農業法人を設立したあとも、父親の名義の農業用倉庫を継続して使うなら、賃貸料を支払うことになる。倉庫の大きさや構造にもよるが、例えば、月額20万円の賃貸料を支払っていれば年額240万円にもなる。

父親はこの賃貸料から減価償却費と固定資産税を差し引いた所得について、翌年3月15日までに確定申告を行うことになる。ただし、所得税率は累進課税のため、父親が農業法人から給料をもらっていれば、合算されて所得税が高くなってしまう。

農業用倉庫は、修繕費がほとんどかからず経費が少ないため、所得は大きくなりがちだ。そこで、農業用倉庫を農業法人に売却するという方法を考えてみたい。

売却するときには、父親の確定申告書に記載されている減価償却したあとの帳簿価額を売買金額とする。農業用倉庫の敷地も一緒に売却すると売却益が発生してしまうときには、建物だけを売却する。

通常、建物を農業法人が所有して、その敷地を個人が所有していると借地権が発生してしまう。しかし、**農業法人と個人との間で締結する賃貸借契約書に「農業法人は立退料を請求せずに、無償で返還する」と記載すれば、借地権は発生しないことになる。**

この契約書を締結したら、税務署に「無償返還の届出書」を提出して、農業法人は敷地の所有者である個人に対して、固定資産税の3倍程度の地代を支払えばよい。

農業用倉庫の敷地は宅地とはなるが、農地の周辺であることが多いため、固定資産税は安いだろう。例えば、農業法人は今まで月額20万円の賃貸料を支払ってきたところ、月額5万円程度の地代を支払うことになれば、利益が出る。これを農業法人の父親以外の役員に給料として支払えば、所得が分散されて所得税が節税できるのだ。

ところが、農業法人の役員は父親だけで、子供は会社員というケースもある。その場合、子供に給料を支払うことはできないため、単純に農業法人の利益が上がることになる。

そこで、父親名義の農業用倉庫を農業法人ではなく、会社員である子供に贈与するという方法もある。

贈与するときの建物の評価額は、税法上で決まっている。次の計算式の30%は借家権割合と呼ばれているもので、農業法人が借りていれば、控除できる。

> 贈与税を計算するときの評価額
> ＝農業用倉庫の固定資産税評価額
> ×（1－30%）

農業用倉庫の固定資産税の評価額は、その構造にもよるが、建築したときには建築価額の50%程度となる。建物は劣化するので、3年に1度見直されて経年減点補正率に従って減額されていく。

例えば、２０００万円の建築価額で建てた倉庫であれば、固定資産税評価額は１０００万円程度となる。そこから、15年経ったとすれば、経年減点補正率は０・６２２５となるため、６２２万５０００円となり、贈与税を計算するときの固定資産税の評価額は、４３５万７５００円となる。これを子供に贈与すると、38万８５００円の贈与税がかかることになる。

子供は、そのあと農業法人から年間２４０万円の賃貸料を受け取ることができ、父親に対しては地代を支払う必要がない。前述の農業法人が建物を所有した場合と違い、**父親と子供の間であれば、使用貸借契約を締結して地代をゼロとすべきだからだ。**これで父親の所得を、たったの38万８５００円で移転させることができる。

この贈与税をもっと下げたい場合には、子供と孫に2分の1ずつの持分で贈与して、共有させるという方法もある。子供と孫（18歳以上）はそれぞれが10万７８００円、つまり合計で21万５６００円の贈与税を支払えばよい。そのあと子供と孫が１２０万円ずつ賃貸料を受け取れるため、さらに所得を分散できる。

この場合、孫が働かずして賃貸料を受け取ることになる。祖父として父としてそれを懸念するなら、孫が養老保険などに加入することも考えられる。賃貸料で保険料を支払い続けられるはずだ。

事業承継

種類株式を発行して、親戚に事業承継してもらう

個人事業主の農家も、株式会社も、自由に農地を借りて農業を行うことができる。ところが、株式会社が農地を所有しようとすると、一定の要件を満たした「農地所有適格法人」であることが条件となっている。この要件のなかには、「農業関係者の議決権が、総議決権の2分の1超であること」というものがある。

農業法人で、役員が父親1人で代表取締役となり、農作業に従事し、議決権の100%を所有しているとする。この役員が農業の引退を考えたとしよう。子供が農業を継ぐなら、農業法人の株式を生前に贈与すれば事業承継税制の特例が適用されて、贈与税は実質免除される。

しかし、子供が農業を継がない場合には、役員が引退すれば農業関係者ではなくなるため、「農地所有適格法人」の要件は満たせなくなる。そこで、細々と農業を続けても、継ぐ気がない子供はその株式の相続税を支払いたくない。しかも、農業法人が農地を所有していれば、その株式の評価は高くなる可能性が高い。

このような場合、農業法人の役員を引退するタイミングで農業法人の株式を第三者に売却する方法が考えられる。第三者といっても他人ではなく、農業を継いでいる甥や姪など親戚、友人に売却するケースが多い。

このとき、最低でも農業法人の株式の2分の1超を売却しなければ、「農地所有適格法人」の要件は満たせない。しかし、買う側にお金がなければ買い取ることができない。

この場合には、**農業法人が株式会社であれば、役員の所有する株式を無議決権株式という種類株式に変換する方法がある。**親戚は普通株式を所有することで、役員が引退しても議決権の2分の1超という要件を満たせる。さらに無議決権株式を分割で買い取ってもらえば、最終的には

すべての株式を売却できる。

　この方法の具体例はこうだ。株式の評価が1億円のところ、9500万円分を株主総会で議決権がない無議決権株式に変換し、残りの500万円だけを親戚に最初に売却する。これで、親戚は500万円で100%の議決権を所有でき、要件を満たせる。このとき、9500万円分の無議決権株式に配当を優先的にもらえる権利を付けるケースもある。

　もし、議決権の100%は渡したくなければ、500万円のうち34%は残して、残りの66%を渡すことにすれば、自分の賛成がない限り、農業法人は特別決議まではできないことになる。特別決議とは、定款の変更、事業の譲渡、減資、解散、合併など、農業法人にとって重要な決定を行うときに、株主の過半数が出席した株主総会で、その3分の2以上の賛成が必要となる決議のことだ。

[種類株式を発行する]

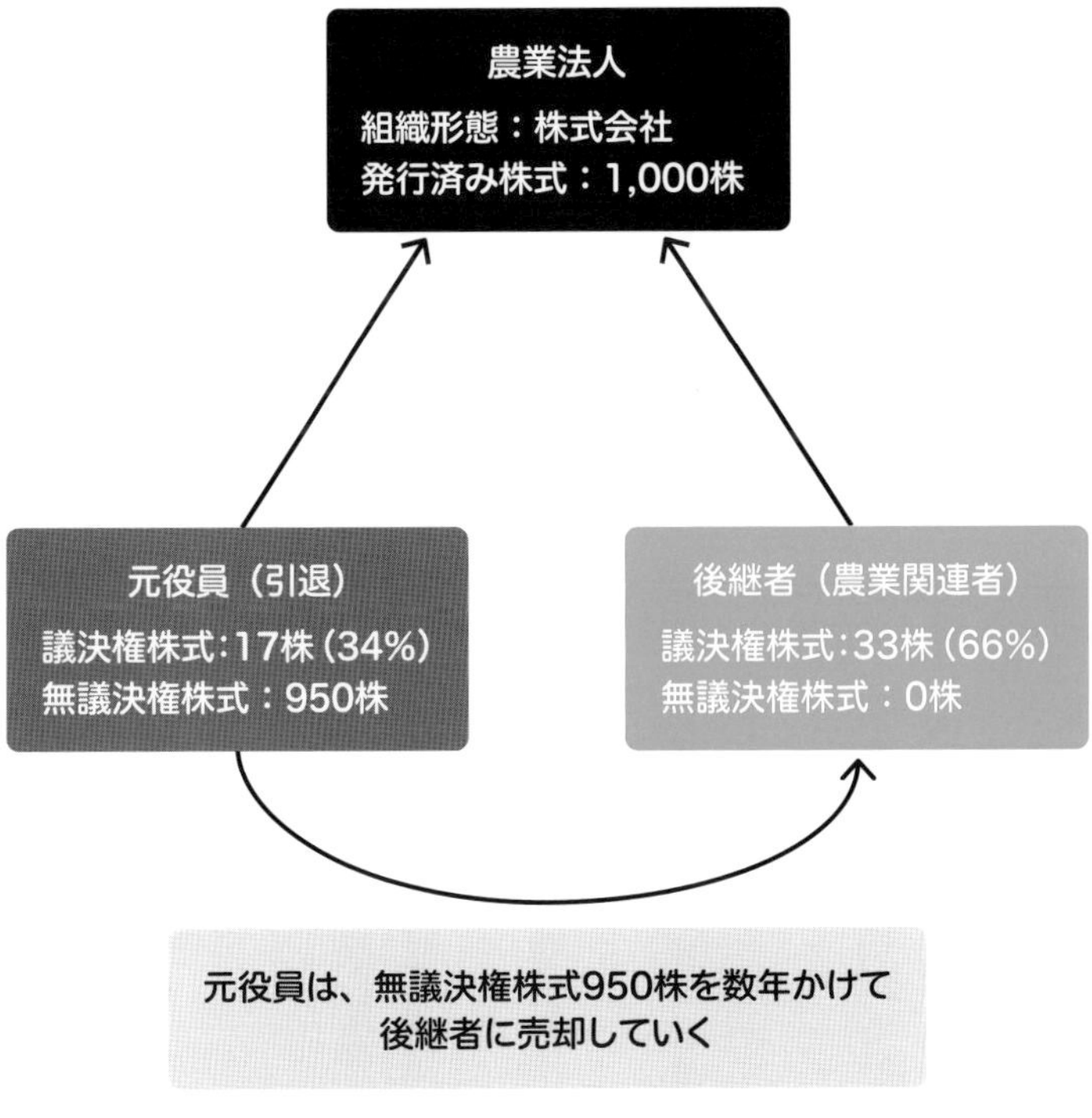

妻に自宅に住む権利を相続させれば、相続税が減る

父親が亡くなったあと、同居の妻は亡くなるまで無償で自宅に住み続けることができる。この権利を「配偶者居住権」と呼ぶ。配偶者居住権は、登記することで第三者に対抗できる権利となるが、第三者への売却はできない。そして、所有権から配偶者居住権を控除した残りの部分は「負担付所有権」として、妻以外の相続人に相続させることができる。

法定相続分での遺産分割を前提にした場合、妻が自宅の所有権を相続すると、それだけで相続財産の2分の1に達して、老後の生活資金や農地を相続できないケースもある。そのときは、妻に自宅の配偶者居住権だけを相続させれば、現預金や農地も相続できるようになる。

❶配偶者居住権の取得方法

配偶者居住権は、遺産分割、遺言書による遺贈、死因贈与のいずれかの方法で取得することができる。もし父親の遺言書がなく、遺産分割協議で妻と子供が争った場合には、配偶者居住権が取得できないこともある。その場合でも、妻は配偶者「短期」居住権は取得でき、最低でも6ヵ月間は無償で居住することができる。とはいえ、**妻に配偶者居住権を相続させたいと思うなら、父親は生前に遺言書を作成しておくべきだ。**

❷配偶者居住権の評価方法

相続税法で定められている計算式にしたがって、配偶者居住権を具体的に評価してみる。

同年齢の夫婦が35歳で自宅（木造）を新築して、妻が75歳のときに夫が死亡した。その時点で、建物の固定資産税評価額は500万円（築40年）、土地の路線価による評価が5000万円とする。妻は配偶者居住権を遺言書により、取得する。その時点で妻の平均余命は16年（第22回完全生命表より）で、年3％（法定利率）の

16年間の複利現価率は、0・623となる。

(1)建物の配偶者居住権の評価
500万円＝500万円－0円（築年数が木造の耐用年数33年超）

(2)土地の配偶者居住権の評価
1885万円＝5000万円－5000万円×0・623

(3)配偶者居住権の評価額
2385万円＝500万円＋1885万円

❸配偶者居住権による節税効果

父親の死後に妻と子供が争うことがなければ、配偶者居住権など設定する必要はないと考えるかもしれない。しかし、**配偶者居住権を設定すると相続税の節税効果があるのだ。**

その理由は、妻が亡くなったときに、子供は配偶者居住権を相続できず消滅するからだ。つまり、2次相続の相続財産を減らすことになる。

[配偶者居住権を設定する]

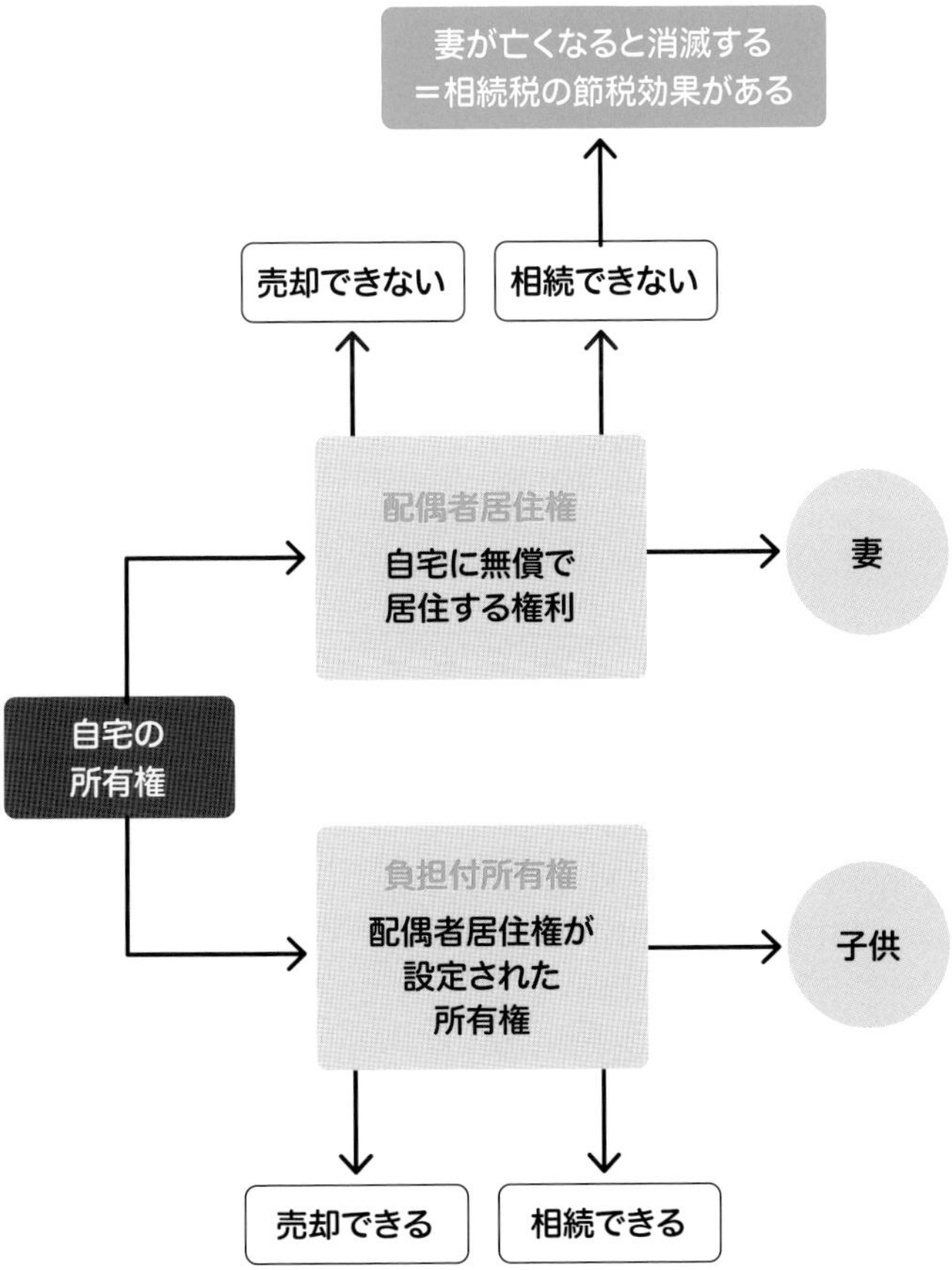

事業承継

個人で購入して農地と農業用倉庫を相続税対策を行う

個人事業主の農家が農地を所有したまま相続が発生した場合には、路線価が設定されている区域であれば路線価により、路線価が設定されていない区域であれば倍率方式により、評価する。そこに他の相続財産も合算して相続税を計算する。

この路線価や倍率方式による評価は、原則として農地の時価の80%なので、父親が農地を購入していればそれだけで相続税の節税対策となる。

さらに、農業用倉庫を建てていると、その相続税の評価は固定資産税評価額となる。構造にもよるが、建築直後は建築価額の約50%で、建物の劣化にともない3年に1度見直し、経年減点補正率で減額される。

このような農地の購入や農業用倉庫の建築を、**銀行からの借入で行った場合、借入金は差し引けるので節税効果が高くなると言われることがあるが、それはまちがいだ。**

例えば、父親が時価1億円の農地しか所有していないとする。この1億円の農地を担保に、銀行から1億円を借りて、農業用倉庫を建てたとする。この場合、農地の評価は8000万円、農業用倉庫の評価は5000万円となる。ここから1億円の借入金を控除するので、相続税の評価は3000万円（＝8000万円＋5000万円－1億円）となる。所有していた時価1億円の農地に対し、7000万円の評価減となる。

一方、父親が時価1億円の農地と1億円の現預金を所有していたとする。この1億円の現預金で農業用倉庫を建てると、相続税の評価は先ほどと同様に、農地は8000万円、農業用倉庫は5000万円となり、合計で1億3000万円（＝8000万円＋5000万円）となる。所有していた1億円の農地と1億円の現預金に対して、7000万円の評価減となり、こちらの節税効果も先ほどと同様となるのだ。
　それでは、個人ではなく農業法人で農地の購入や農業用倉庫を建築しても同様の節税対策になるのだろうか。

［農業法人の株式の最低評価額］

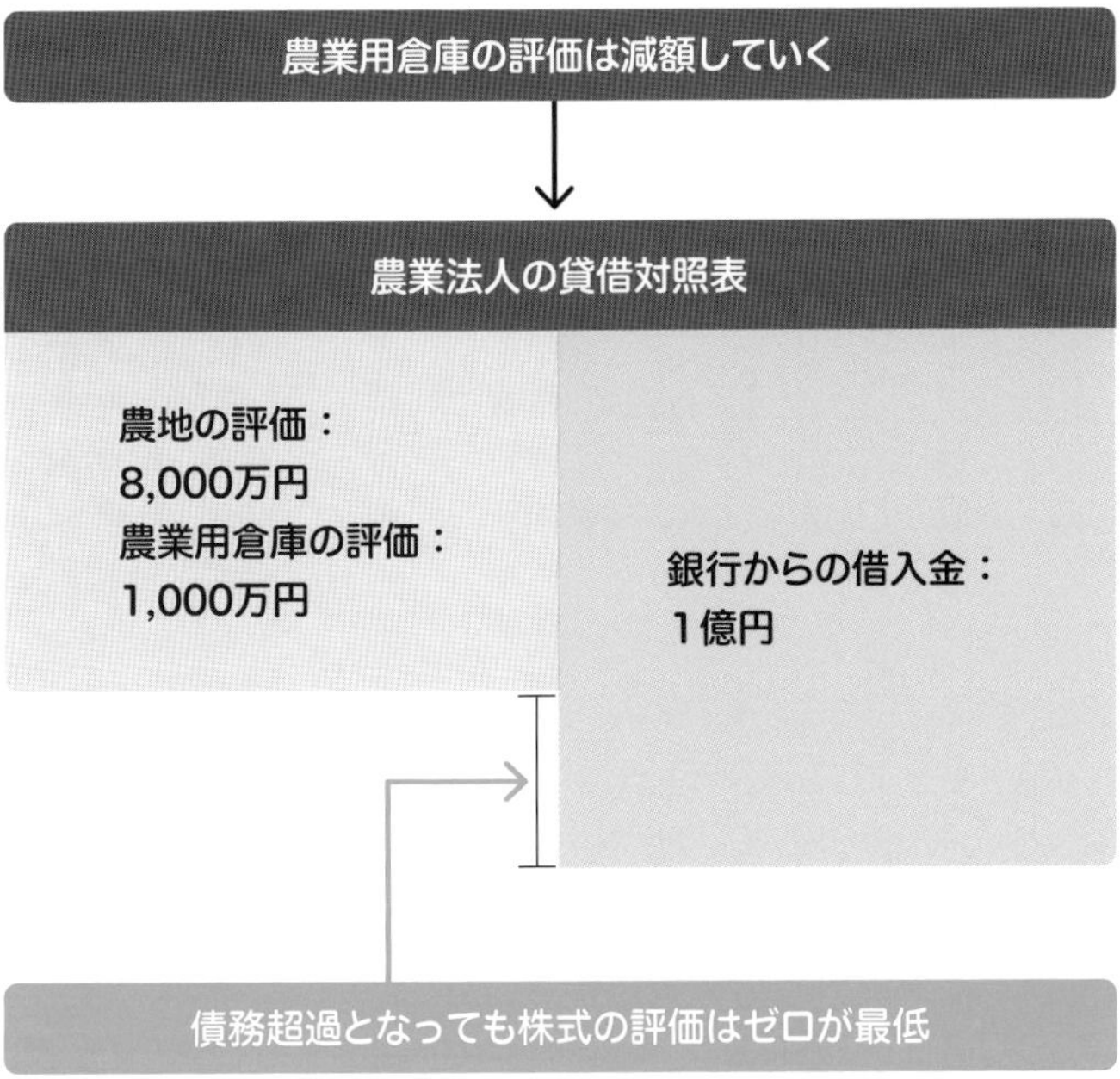

　確かに、農業法人が所有する農地も時価の80％、農業用倉庫も固定資産税評価額で評価するため、農業法人の株式の評価も下がり、節税効果がある。
　しかし、注意点が2つある。
　1つ目は、農業法人が農地や農業用倉庫を購入して3年以内に相続が発生した場合には、評価は下がらずに、どちらも時価で評価となることだ。時価とは基本的に購入した価額なので、相続税の節税効果はない。
　2つ目は、**農業用倉庫の評価が下がって農業法人が債務超過となったとしても、株式の評価はマイナスにならず、最低金額のゼロとなることだ。**個人であれば評価がマイナスとなると他の相続財産の評価から控除することができる。

事業承継

土地の評価を80％減額できる特例を適用する

夫の相続が発生し、妻が高額な相続税を支払うために自宅を売却する…そんな事態を避けるために、自宅の土地の評価には小規模宅地等の特例が適用され、評価を80％減額でき、20％の評価となる。この場合、自宅に適用できる面積は330㎡までとされるが、仮に500㎡あってもそのうち330㎡まではこの評価が適用される。

例えば、500㎡の自宅の土地の評価が本来ならば5000万円のところ、小規模宅地等の特例を適用すれば、次のように計算できる。

①小規模宅地等の特例が適用される土地の評価
660万円＝5000万円×330㎡÷500㎡×20％

②小規模宅地等の特例が適用されない土地の評価
1700万円＝5000万円×170㎡÷500㎡

③自宅の評価
2360万円＝660万円＋1700万円

また、農業用倉庫の敷地についても、子供が相続税を支払えないと農業が存続できないため、小規模宅地等の特例が適用されて80％減額でき、20％の評価となる。この場合の面積の限度は400㎡だが、自宅への特例と併用できるため、両方で730㎡まで適用できることになる。

ところが、事業の内容が農業ではなく、貸付となると50％の減額となり、かつ面積の要件が厳しくなる。貸付用の土地は適用される面積が200㎡までとなり、自宅や農業用倉庫の敷地と併用するときには、次の計算式の面積が限度とされてしまう。

①×200÷330＋②×200÷400＋③≦200
①自宅の土地、②農業用の土地、③貸付用の土地

この場合、父親が亡くなるまで農

[農業用倉庫の土地が 50%減額できるケース]

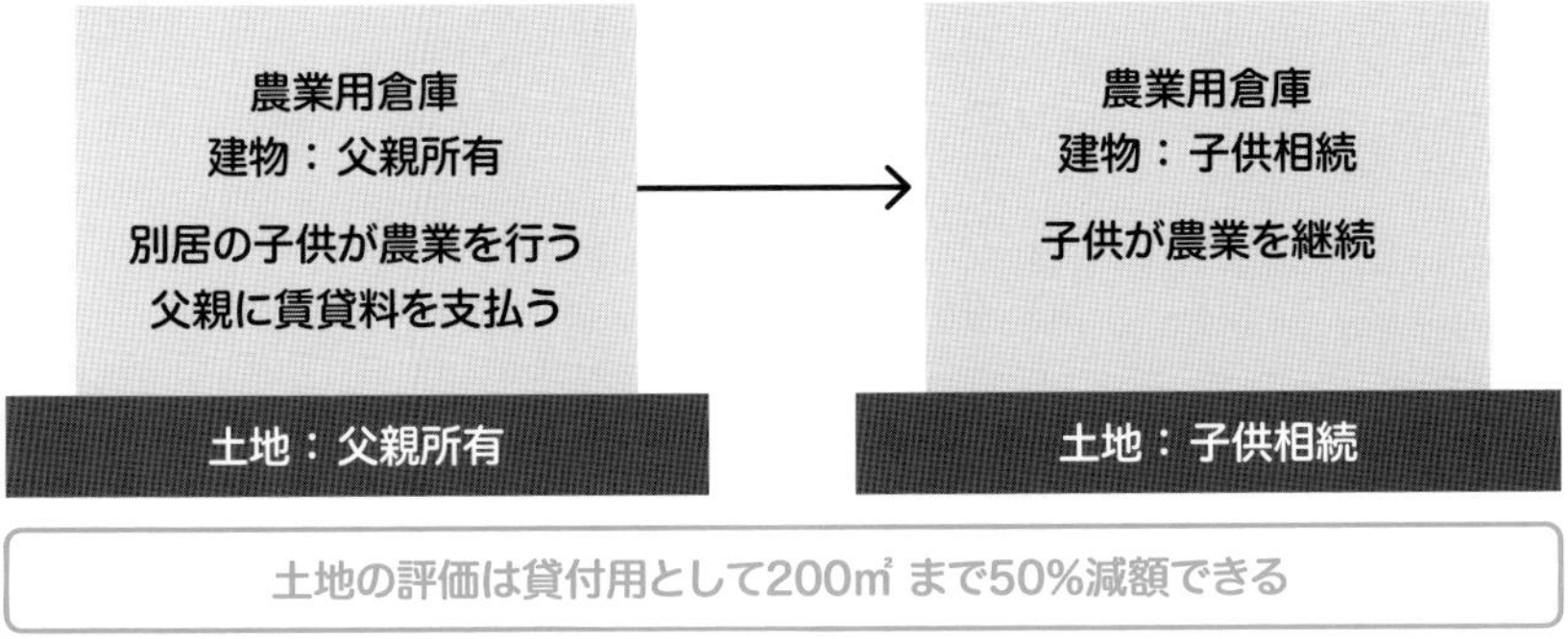

[農業用倉庫の土地が 80%減額できるケース]

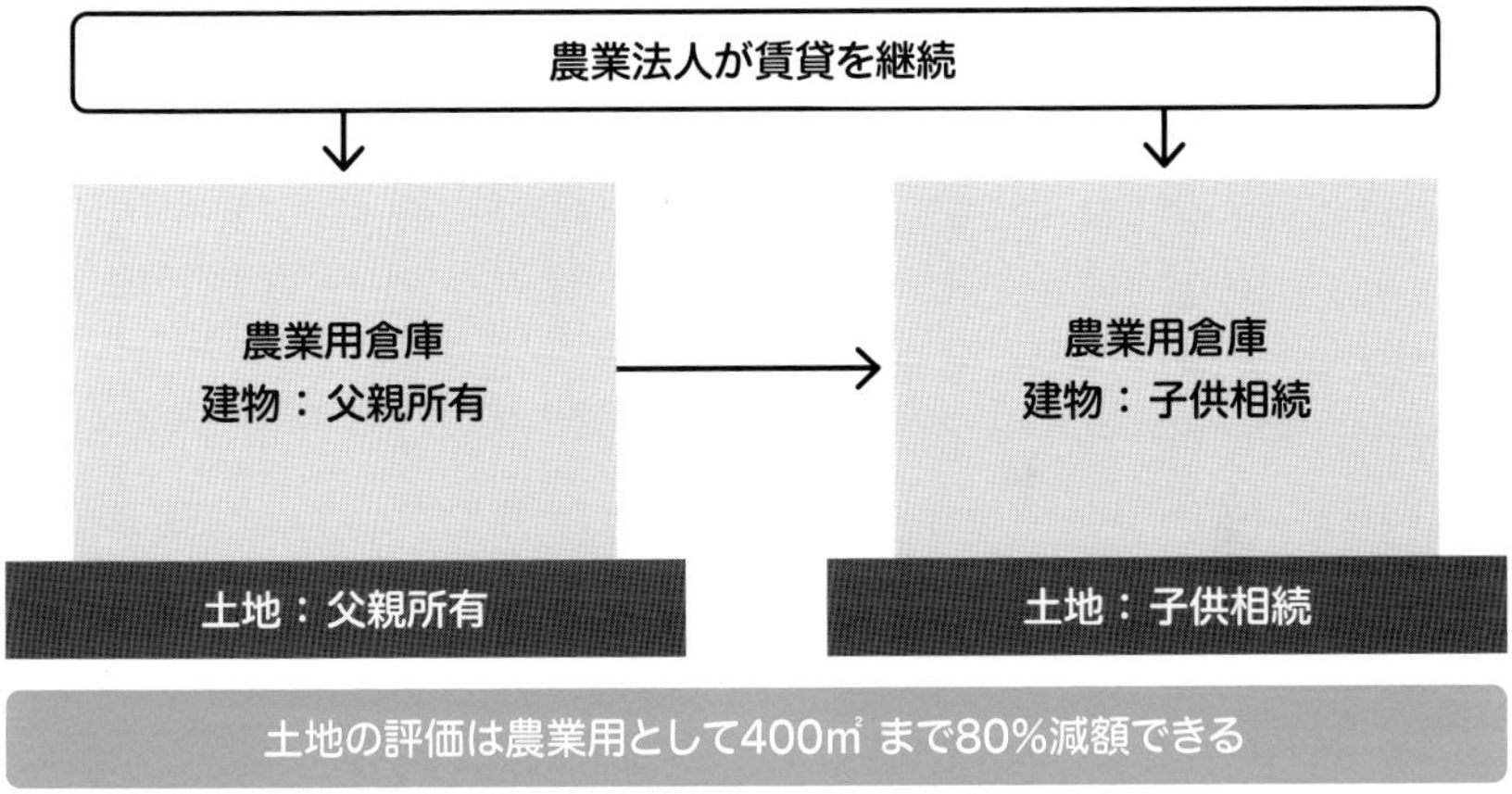

業を行っていれば、農業用の土地が貸付用の土地と判定されることはない。ところが、すでに子供が継いでいて、父親から農業用倉庫を借りていると、その土地は貸付用となってしまう。そこで、**子供が農業を継いだあとも、農業用倉庫の敷地が80％減額できる小規模宅地等の特例を適用する2つの方法がある。**

1つ目は、父親と子供が同居して生活費を支出する財布が同一であれば、子供が使っている農業用倉庫の土地にも80％減額できる小規模宅地等の特例が適用できる。

2つ目は、子供が父親と同居していない場合には、農業法人を設立する。そして、その農業法人が農業用倉庫を借りて事業を行うと、80％減額できる小規模宅地等の特例が適用できるのだ。

相続税では、政策的な非課税財産が定義されている

事業承継

相続税法には、税金がかからない非課税財産が定義されている。代表的なものは、社会通念上、換金価値がないと考えられている、お墓や仏壇だ。金額の上限もないため、父親が生前に買っておけば相続税の節税対策になる。ただし、金の仏像などは換金価値があるため、非課税とはならない。

これに対して、相続税の制度として非課税として定義されている財産がある。

まず、死亡保険金は民法上の相続財産ではない。生命保険の証券に受取人が指定されていれば、その受取人の固有の財産であるため、遺産分割の対象にはならないからだ。ただし、相続税がかからなければ、現預金をすべて生命保険に変えてしまえばよいことになる。

そこで、相続税法では、「みなし相続財産」として、死亡保険金などを相続財産とみなして、税金をかけることにしている。その上で、**死亡保険金のうち「500万円×相続人の数」は政策的に非課税としているのだ。**例えば、相続人が妻と子供2人で合計3人とすれば、死亡保険金のうち1500万円までは、相続税は非課税となる。

現時点で生命保険に加入していない人、もしくは過去の生命保険はすでに満期が到来して解約となっている人もいるかもしれない。その場合には、一時払い終身保険に今から加入すればよいだろう。これはほとんど定期預金と同じもので、加入した終身保険を担保にお金を借りることもできる。

なお、自分は持病があるので加入できないと思い込んでいる人もいるが、終身保険は被保険者の健康の告知や医師の診断を受けなくてよい商品も多い。それでも、契約者の年齢の制限はあるので、早めに加入する

［相続税法上の非課税財産］

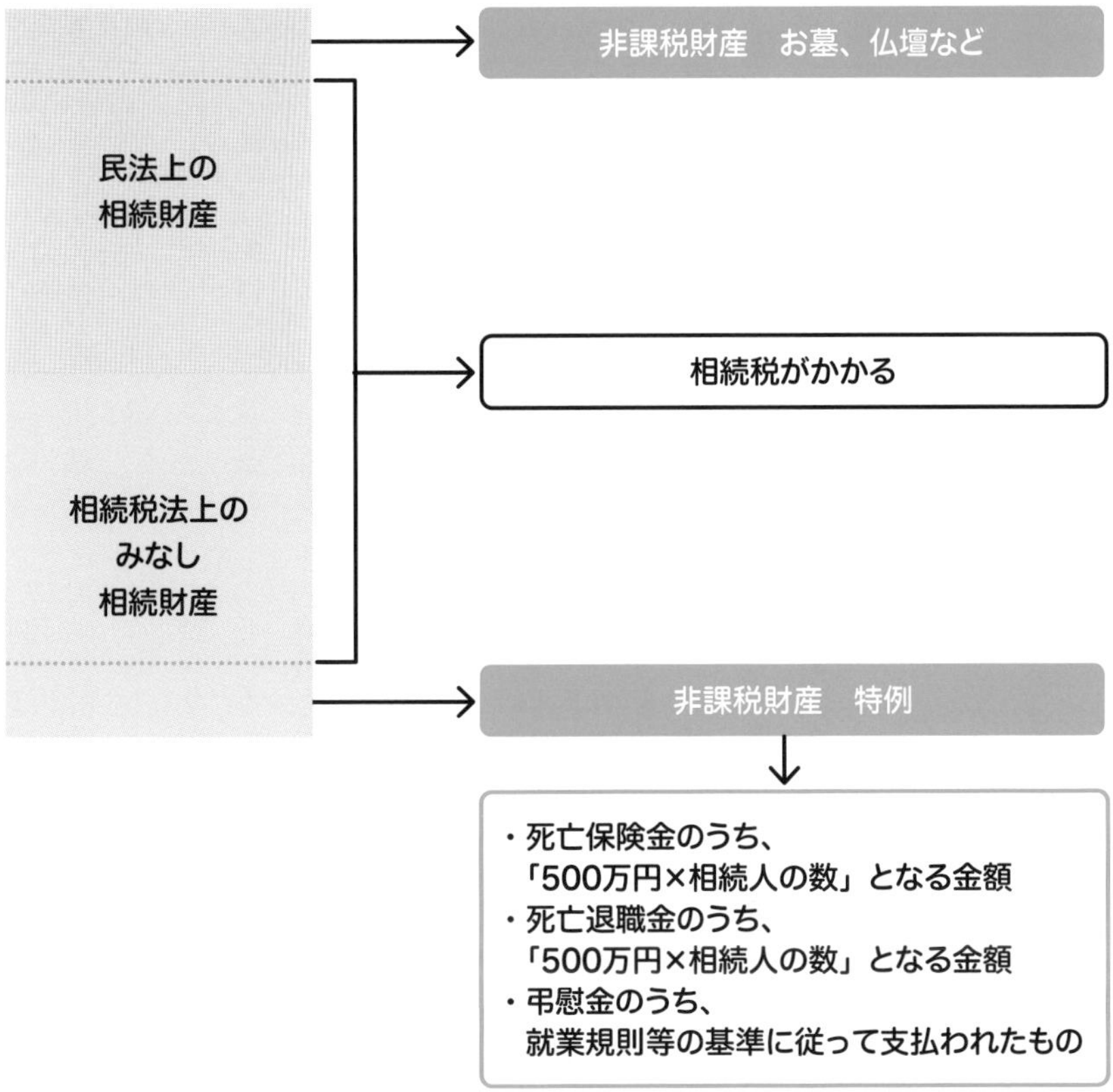

ことをおすすめする。

次に、農業法人が支払う死亡退職金について考えてみよう。死亡退職金の受取人を誰にするかは、定款や就業規則で定めたり、株主総会で決定したりするため、遺産分割の対象とはならず、民法上の相続財産ではない。

しかし、相続税法では、死亡退職金は「みなし相続財産」と定義されており、相続税がかかる。それでも、**死亡退職金のうち「500万円×相続人の数」の金額は政策的に非課税とされている。**

そもそも、父親が個人事業主の農家であれば、死亡したとしても自分に死亡退職金は支払えない。または、すでに子供が農業を継いで個人事業主となっており、父親が従業員として働いているケースもあるだろう。この場合、子供が父親と同居していると、やはり父親の死亡退職金は支払えない。一方、父親と別居していれば死亡退職金を支払うことはできるが、他の従業員と同じ基準という条件が付くため、かなり低額となってしまう。その場合、非課税の限度額まで使いきれない可能性が高い。

　一方、父親が農業法人の役員に就任していれば、農業法人から役員に死亡退職金を支払うことができる。役員であれば、従業員と同じ基準である必要はない。それでも、税法では功績倍率法で計算された死亡退職金が上限とされている。

死亡退職金の上限金額＝最終報酬月額×勤続年数×功績倍率
功績倍率：代表取締役3・0倍、取締役2・0倍など。

　例えば、相続人の数が妻と子供2人の合計3人とすれば、死亡退職金のうち1500万円までは相続税がかからない。

　そして、死亡退職金は、農業法人の経費として認められるだけではなく、1500万円を超えた部分には相続税がかかるため、所得税はかからないことになっている。

　さらに、役員である父親が死亡したときに、農業法人から弔慰金というお金を死亡退職金に上乗せして支払うことができる。**この弔慰金は農業法人の経費として認められて、かつ所得税も相続税もかからない。**ただし、目安の上限金額が決まっている。

①父親の死亡が業務上の死亡であるとき。父親の死亡当時の給料の3年分に相当する金額。

②父親の死亡が業務上の死亡でないとき。父親の死亡当時の給料の6ヵ月分に相当する金額。

　ここでいう「業務上の死亡」とは、直接的に農業法人の業務に起因する死亡または業務と相当因果関係があると認められる死亡を指す。例えば、次のようなケースが該当する。

①農作業を行っているときに発生した事故による死亡。
②農地への通勤途中での事故による死亡。
③出張中において起きた事故による死亡。
④農作業によって職業病などを誘発して死亡。
⑤農作業を中断中でも、その作業に付随した事故で死亡。

　農業法人の就業規則には弔慰金についても記載しておこう。

第4章

消費税とインボイス制度を理解することで何ができるのか

インボイス制度にどのように対応すればよいか、知っているか？

消費税とは、預かった消費税から、支払った消費税を控除して残った金額を税務署に納める制度である。

例えば、飲食店が客から11万円の売上があると、このうちの1万円は預かった消費税となる。仮に、材料の米や野菜を個人事業主の農家から5万4000円（税込）で仕入れた場合、飲食店は6000円（＝1万円－4000円）の消費税を納める。そして、農家も米や野菜を販売して預かった4000円の消費税を税務署に納める。つまり、**消費税とは飲食店の客である消費者が支払った消費税を、各取引段階にいる事業者が預かり、分担して納税する仕組みなのだ。**

消費税を納める事業者を課税事業者と呼ぶが、すべての事業者が課税事業者ではない。基準期間の課税売上高が1000万円以下であれば消費税を納める義務がない免税事業者となる。基準期間の課税売上高とは、個人事業主の農家は前々年、農業法人は2期前の事業年度の消費税がかかる売上高を指す。新設法人の場合、設立1〜2期目は基準期間がないので、原則、免税事業者となる。

ところで、前述の事例の場合、飲食店は、農家の課税売上高を知ることができない。もし農家の課税売上高が1000万円以下であれば、消費税は納めていない。それでも農家が販売価格に消費税を上乗せしてきたら、飲食店は拒むことができない。

そこで今までは、取引相手が課税事業者であろうが、免税事業者であろうが関係なく、消費税を自動的に計算して控除していた。そして、農家が免税事業者の場合には、預かった4000円の消費税を納める必要がなく自分の売上として計上できていた。これは、益税と呼ばれていた。

これを解決するために、令和5年10月1日からインボイス制度（適格請求書等保存方式）が導入される。簡単に言えば、**イ**

[消費税を納めるしくみ]

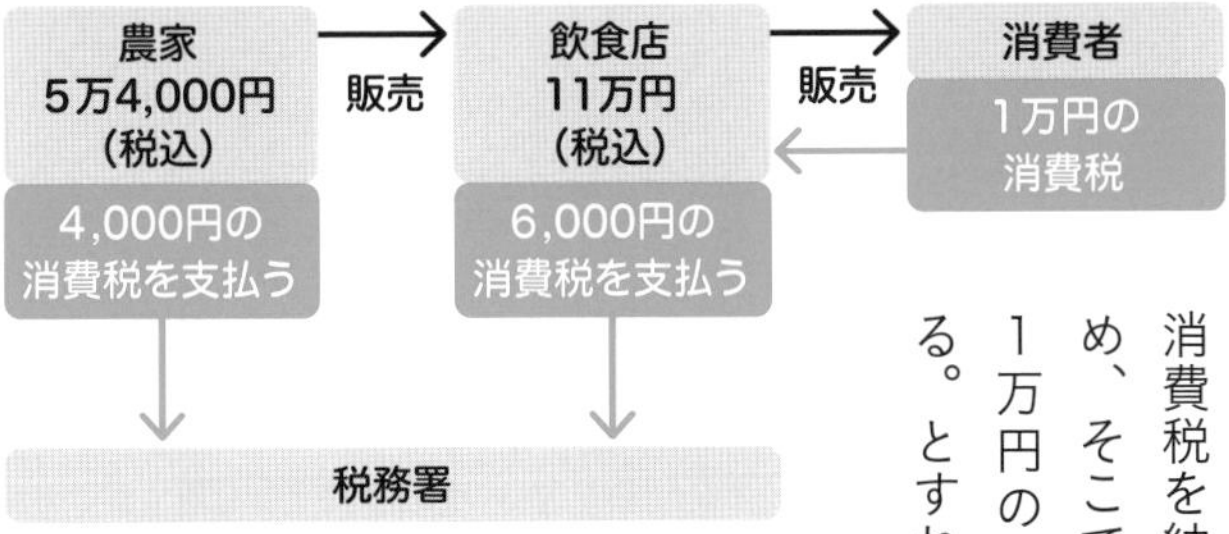

ンボイスとは「取引相手が消費税を納税していることを証明する書類」のことだ。

飲食店は、農家が発行したインボイスを見て、4000円の消費税を納めているとわかるため、そこで初めて預かっていた1万円の消費税から控除できる。とすれば、飲食店は農家からインボイスをもらわないと、今までと同様に米や野菜を5万4000円で購入しても、1万円の消費税を納めなくてはならないのだ。

農家がインボイスを発行するには、税務署へ申請して適格請求書発行事業者として登録する必要がある。

ここで勘違いしてはいけないことがある。それは、課税事業者であるか、適格請求書発行事業者に登録するかはまったく別だということだ。適格請求書発行事業者でなければインボイスが発行できず、自分が販売した取引相手が消費税を控除できない。それでも自分の基準期間の課税売上高が1000万円を超えていれば、納付義務のある課税事業者になってしまうのだ。

仮に、農家の取引相手が個人の消費者のみなら、そもそも課税売上高がないので消費者はインボイスを発行してほしいと要求しない。しかし、取引相手に1社でも飲食店などの事業者がいれば、農家がインボイスを発行できないと、取引を中止されてしまう可能性がある。これを避けるために、**課税事業者であれば、個人事業主の農家でも農業法人でも、必ず適格請求書発行事業者に登録しよう。手続きはそれほど煩雑ではない。**

では、基準期間の課税売上高が1000万円以下、もしくは設立1～2期目の農業法人で免税事業者の場合でも、適格請求書発行事業者として登録すべきなのだろうか？

答えは、取引先の多くが個人事業主や会社であれば登録すべきである。適格請求書発行事業者に登録することは、消費税を納める事業者になるということ。つまり、今までは消費税を納める必要がなかったけれど、自ら手を挙げて消費税を納める課税事業者になるということになる。一方、取引相手の100%が個人の消費者という場合には、充分に検討して判断すべきだ。令和5年10月1日以降でも登録は可能だからだ。

検討の結果、適格請求書発行事業者として登録したとしよう。このときに、**基準期間の課税売上高が5000万円以下であれば、簡易課税制度が選択できる。**これを適用するかどうかの判断で、消費税の損得が大きく変わるのだ。

簡易課税制度とは、基準期間の課税売上高が5000万円以下の小規模事業者は、消費税を集計するのは煩雑だという理由から、預かった消費税は一定の割合で控除してよいとされている。これを「みなし仕入率」と呼ぶ。具体的には、課税売上高に含まれる預かった消費税に、みなし仕入率をかけた金額が、経費に含まれる消費税とみなすということだ。

みなし仕入率は、事業によって異なる。事業区分は第1種事業から第6種事業まであり、農業は第2種、第3種、第4種事業に該当する。例えば、農家が米を栽培して個人消費者に販売し、売上高が年間2160万円（消費税は本体価格×8%＝160万円）だったとする。これに対し、人件費を除いて550万円（消費税は本体価格×10%＝50万円）の経費がかかったとする。原則的な計算では、110万円（＝160万円－50万円）の消費税となる。ところが、簡易課税制度を選択すれば、32万円（＝160万円×（1－80%））の消費税を納めるだけでよいことになるのだ。

農業は消費税が課税されない人件費の支出が大きいため、簡易課税制度を選択すると得になる場合が圧倒的に多い。ただし、注意点が3つある。

1 申請には期限がある

原則として、簡易課税制度を適用したい事業年度の前事業年度の末日（個人事業主は前年の12月31日）までに税務署へ届出を出す必要がある。特例として、免税事業者が令和5年10月1日の属する課税期間中に適格請求書発行事業者の登録を行えば、その課税期間中に簡易課税制度の申請ができるとされている。例えば、個人事業主は令和5年12月31日までに申請すれば、令和5年分の消費税は簡易課税制度を適用できるのだ。気をつけたいのは、令和6年になってから令和5年分の課税売上高と経費を集計して簡易課税のほうが得だとわかっても、遡って申請することは認められないことだ。

2 損をすることもある

簡易課税制度を選択すると2年間は強制適用となる。例えば、令和5年の事業年度は簡易課税のほうが得だが、翌事業年度には農業用の冷蔵倉庫を建設する計画があったとする。建設費用に含まれる消費税分は、農作物を販売して預かった消費税から控除でき、その結果がマイナスなら消費税を還付してもらえる。しかし、令和5年に簡易課税制度を選択していると、翌事業年度も強制的に預かった消費税に対して一律にみなし仕入率をかけるため、消費税を納めることになってしまう。翌事業年度のプランも考えて簡易課税制度の判断をすべきだろう。

3 今期の課税売上高は関係ない

自分は課税売上高が5000万円以下だから、たいして損も得もないだろう、などと考えないほうがよい。

というのも、5000万円以下とは、あくまで2期前（個人事業主は2年前）の課税売上高を指している。例えば、2期前の課税売上高は5000万円以下でも、今期には冷蔵倉庫を1億1000万円で売却するとしよう。この場合の消費税は、通常なら1000万円となってしまう。しかし、簡易課税制度を選択すれば、冷蔵倉庫の売却のみなし仕入率は第4種事業で60％となり400万円（＝1000万円×（1－60％））の納税でよいことになる。つまり、**今期の課税売上高が5000万円を超えても、簡易課税制度は適用できるのだ。**

免税事業者である個人事業主の農家や農業法人が適格請求書発行事業者に登録する場合だけでなく、すでに課税事業者であっても、再度、簡易課税制度の選択を検討すべきだ。

消費税

農協に販売を委託すれば消費税を上乗せできる

個人事業主の農家や農業法人が農協の組合員となり、農協を通じて農作物を飲食店に販売するケースがある。この場合には、インボイス制度で特例が認められている。

❶農協特例を適用する

組合員が無条件委託方式で、かつ共同計算方式での販売を農協に委託して精算するときには、その組合員がインボイス制度における適格請求書発行事業者に登録しているか、登録していないかに関係なく、農協がインボイスを発行できる。

(1) 無条件委託方式とは
組合員が、販売価額、出荷時期、出荷先等の条件を付けずに、農協に農作物の販売を委託する方式のこと。

(2) 共同計算方式とは
一定の期間に販売した農作物の価額について、その農作物の種類、品質、等級その他の区分ごとに平均した価額から算出した金額を基礎として精算する方式のこと。

要するに、この2つの方式の場合、農協では組合員と農作物をひもづけることができないため、特例が認められている。**組合員が農協特例を適用して販売するときには、免税事業者でも価格に消費税を上乗せできる。**

❷媒介者交付特例を適用する

組合員が農協特例の方式ではなく、単純に農協に販売を個別に委託することもある。その場合には農協は組合員と農作物をひもづけることができるため、適格請求書発行事業者に登録した組合員からの農作物でなければインボイスを発行することはできない。

一方、適格請求書発行事業者である組合員からの農作物であれば、その組合員の代わりに農協が飲食店にインボイスを発行することができる。これを媒介者交付特例と呼ぶ。

媒介者交付特例は農協だけでなく、農作物を委託販売するときには適用できるが、受託者も適格請求書発行事業者であることが前提だ。

さらに、農作物によっては、農協への出荷時に販売見込額の一部について概算で支払いを受け、販売が終了したときに精算が行われることがある。ここで問題になるのが、最終の精算日が翌年などかなり先になる場合、いつの時点で売上高を認識すべきか、ということだ。

委託販売の場合には、原則として受託者が農作物を販売したときに売上計算書が発行されていれば、その計算書が到着した日に売上高を認識することが認められている。例外として、**農協が受託者となる場合、継続的に適用することを条件に、概算の支払い、精算の支払いをそれぞれ受け取った日に売上高として認識してよいことになっている。**

[農協特例を適用]

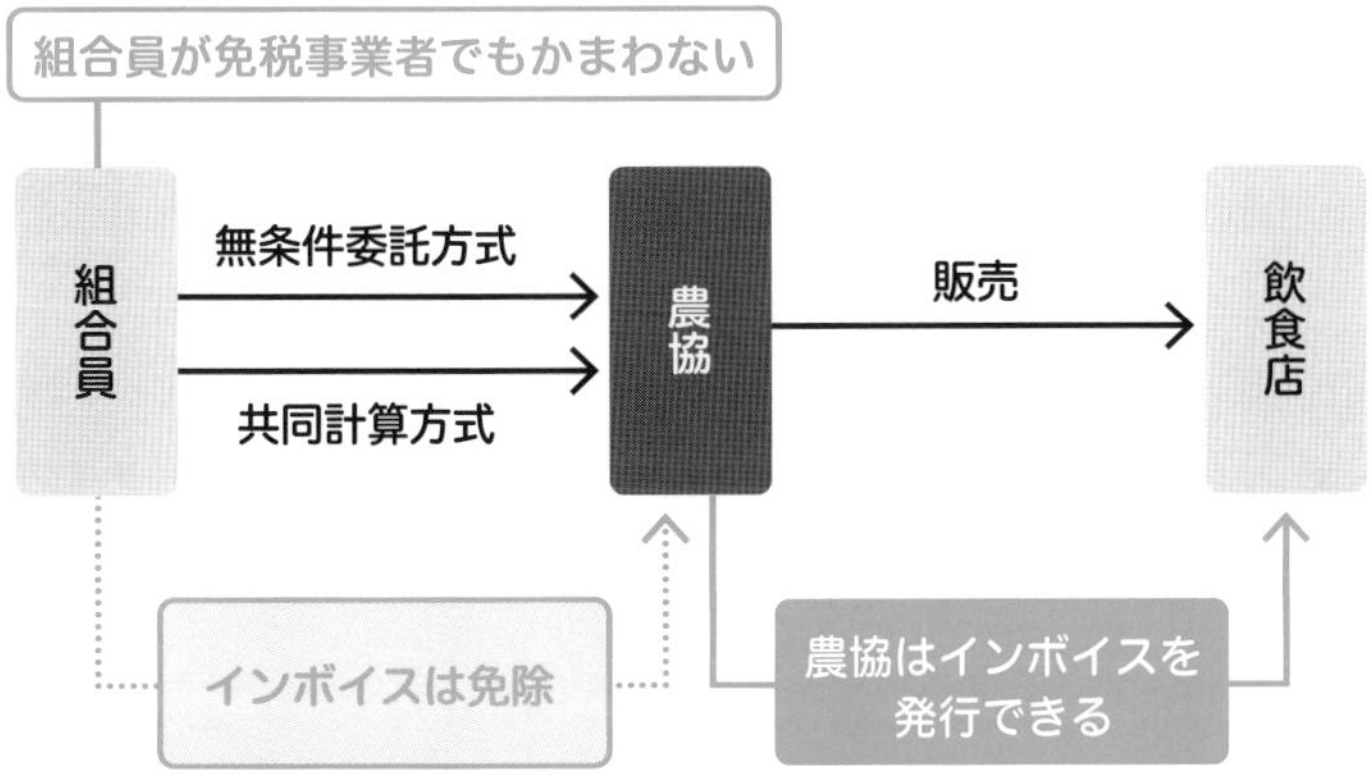

[媒介者交付特例を適用]

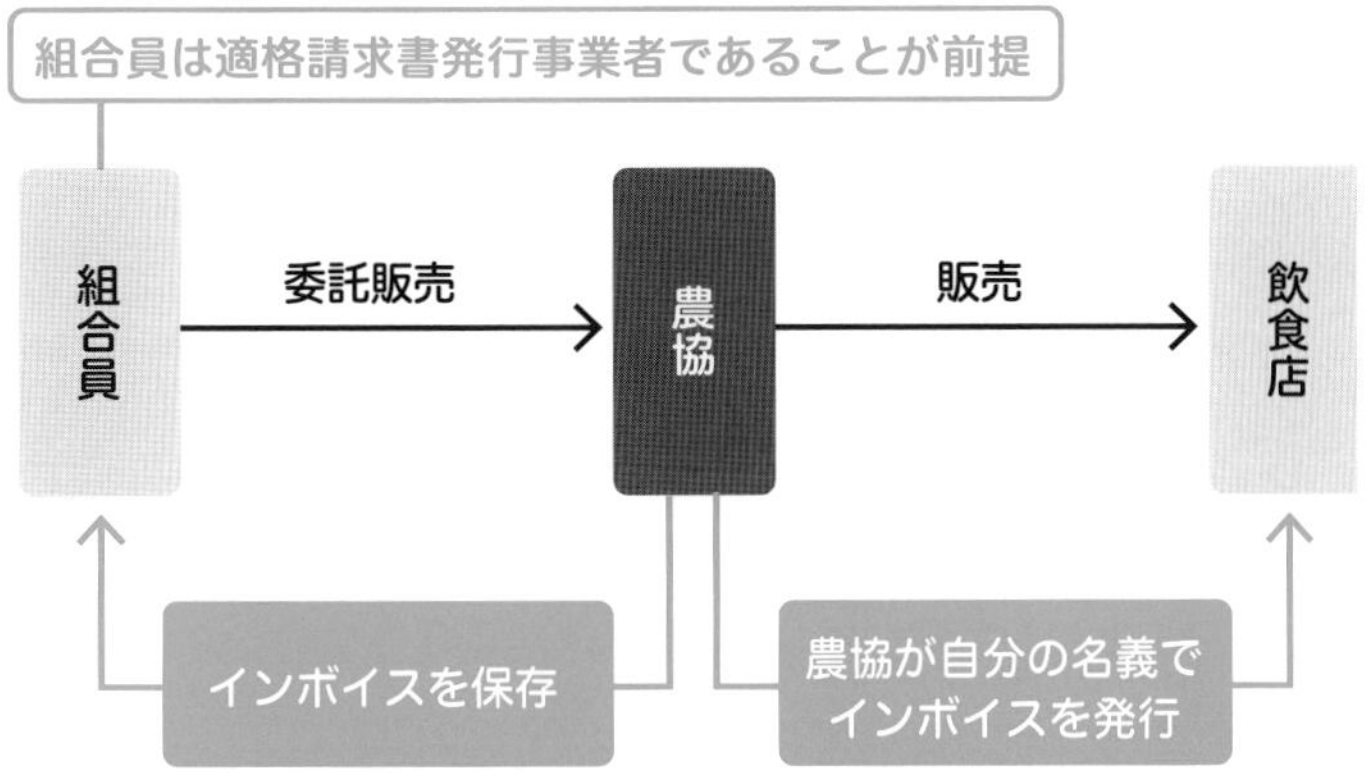

消費税

農業法人は、最大2年間消費税を支払わなくてすむ

個人事業主の農家が農業法人を設立した場合、個人と法人で消費税の基準期間の課税売上高が通算されることはない。これにより、資本金が1000万円未満の農業法人を新しく設立すると、1期目は免税事業者となる。

つまり、個人事業主の農家として、今まで消費税を納めてきた場合でも、農業法人を設立して農作物を販売するようになれば、1期目の消費税は納めなくてよいのだ。

翌期となる2期目に消費税を納めるかどうかは、1期目の最初の6ヵ月間の課税売上高と給料を集計して判定することになる。6ヵ月間の課税売上高と支払った給料が、どちらも1000万円を超えた農業法人は、2期目は課税事業者となる。

このとき、課税売上高は売掛金も集計するが、給料は所得税の対象となったもので、支払った金額だけを集計すればよい。つまり、未払いの給料や非課税通勤費は含まれない。

また、**「どちらも、1000万円超」なので、課税売上高だけ、または給料だけが1000万円を超えている段階では、課税事業者にはならない。**

ただし、注意が必要なことがある。課税売上高だけが1000万円を超えた場合でも、給料だけが1000万円を超えた場合でも、2期目に消費税を納めることを自ら選択してよいことになっている。

農業法人の場合、2期目に大型の農業機械やトラクターなどの車両を購入しない限り、課税事業者を選択するメリットはない。そのため、必ず両方を集計して、1000万円超となるかを判定してほしい。

2期目の消費税のパターンは、左ページの表のように①から④まであるが、給料は支払った金額で判定できるため、基本的にはほとんどが③

［2期目の消費税のパターン］

	6ヵ月間の売上	6ヵ月間の給料	設立2期目の消費税
①	1,000万円超	1,000万円超	消費税を納める
②	1,000万円以下	1,000万円超	消費税を納めるか、納めないか自分で選択できる
③	1,000万円超	1,000万円以下	消費税を納めるか、納めないか自分で選択できる
④	1,000万円以下	1,000万円以下	消費税は納めない

［2期目の判定を逃れる］

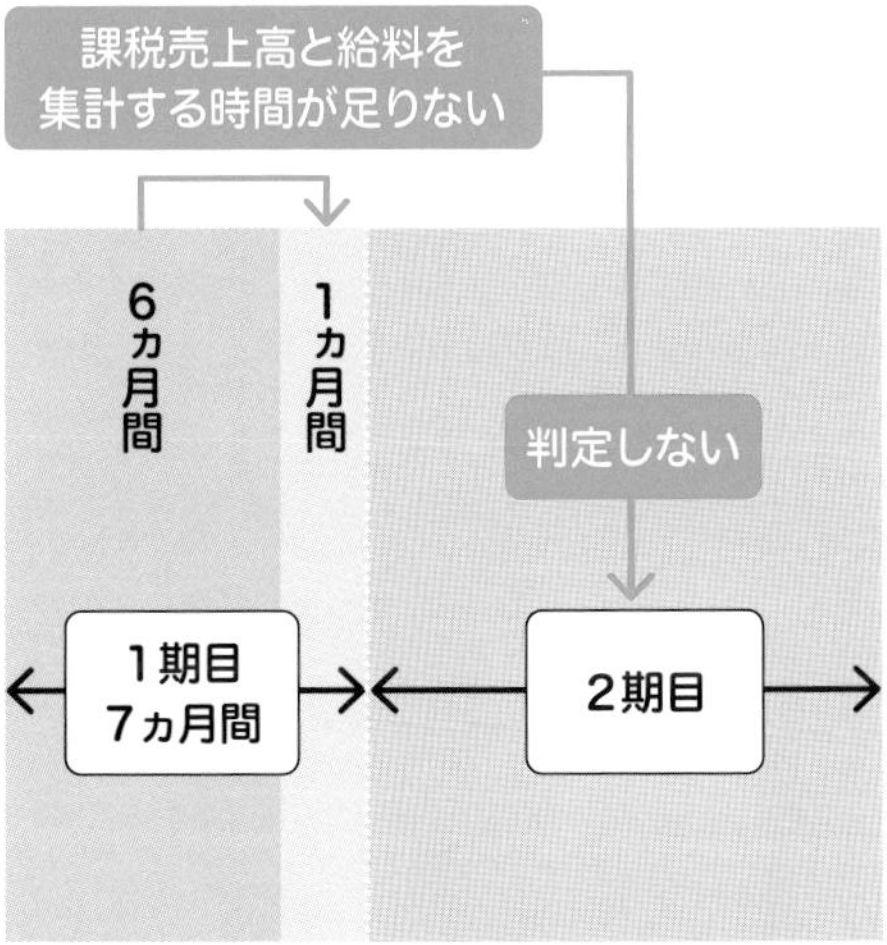

または④に該当し、2期目に消費税を納めることはないと想定される。

　そこで、農業法人を設立したら、1期目はまるまる1年間となるように決算日を決めておけば、最大で2年間は免税事業者となる。

　しかし、農業法人の課税売上高が高く、かつ従業員を雇っていることで給料の支払いもあり、1期目の6ヵ月間が、パターン①となることもあるかもしれない。

　その場合には、2期目から消費税を納める義務は逃れられないと考えがちだ。

　ところが、もともと消費税法では6ヵ月間の課税売上高と給料を集計する期間として、最低でも2ヵ月間は必要だと考えている。そのため、**1期目を7ヵ月以下としておけば、課税売上高と給料の集計は6ヵ月間が経過したあとの集計期間が2ヵ月未満となり、自動的に2期目も免税事業者となれる。**

　農業法人の1期目の課税売上高が予測できない場合、最初は1年間で決算日を設定しておいて、あとから決算日を変更して7ヵ月間としても問題ない。

消

消費税

原則課税と簡易課税をじょうずに入れ替えて適用する

原則課税は、課税売上高に含まれる消費税から、支払った経費に含まれる消費税を控除して納税額を計算する。これに対し簡易課税は、課税売上高に含まれる消費税にみなし仕入率をかけた金額を、支払った消費税とみなして納税額を計算する。この簡易課税は、個人事業主でも農業法人でも基準期間の課税売上高が5000万円以下であれば選択できる。

一般的に、農業の経費は給料などの人件費の割合が大きいが、給料には消費税が含まれないいため、原則課税では控除ができない。そのため農業の場合は、簡易課税のほうが有利となることが多い。ところが、農業機械や車両の購入、農業用倉庫の建築などの予定があるなら、原則課税が有利となる。

こうしたことから、**原則課税と簡易課税はじょうずに入れ替えて使うべきなのだ。**これらは、適用したい事業年度が開始する日の前日、つまり、前事業年度の決算日（個人事業主は前年度の末日）までに適用したい課税方式を税務署に届けるのだが、注意点が3つある。

❶簡易課税は2年間強制される

簡易課税を選択した場合には、2事業年度（個人事業主は2年間）は強制的に適用されてしまう。原則課税に戻れるのは翌々事業年度となる。

❷1000万円以上の棚卸資産または固定資産を購入

個人事業主の農家でも農業法人でも、原則課税を適用しているときに消費税を抜いた1つの取引単位の金額が1000万円以上の棚卸資産または固定資産を購入したときには、その事業年度の初日から3年間は簡易課税を選択できない。棚卸資産や固定資産の購入で消費税が還付されているのに、すぐに簡易課税に戻せると有利になり過ぎるからだ。1000万円以上の固定資産の購入を考えるなら、3年間にわたって原則課税となる場合の損失を検証すべきだ。

❸100万円以上の固定資産を購入

資本金1000万円以上の農業法人を設立、または資本金1000万円未満の農業法人を設立して、かつ課税事業者を選択した場合に、消費税を抜いた1つの取引単位の金額が100万円以上の固定資産（棚卸資産は対象外）を購入し、原則課税を適用すると、設立した初日から2年間は簡易課税を選択できない。設立した事業年度は通常は1年間に満たないため、結果的に3事業年度は原則課税となる。

農業法人を設立して農業機械や車両を購入し、消費税を還付してもらうために原則課税を選択するのもよいが、有利になるかは検証が必要だ。

[原則課税は強制適用の期間なし]

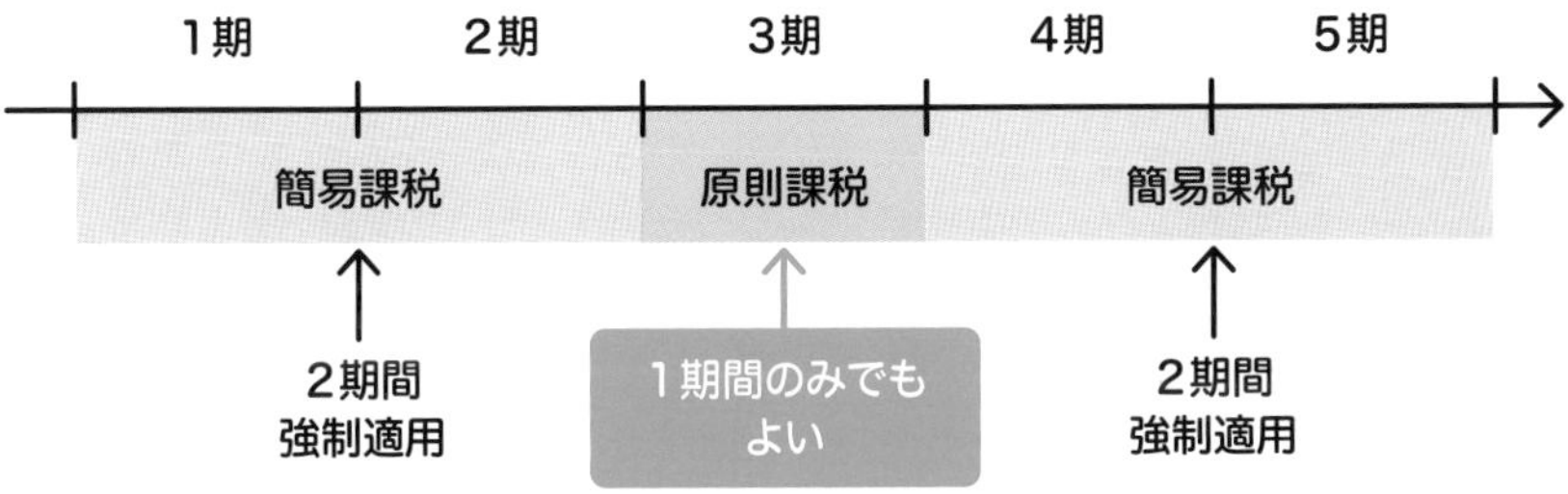

[原則課税でも強制適用されるケース]

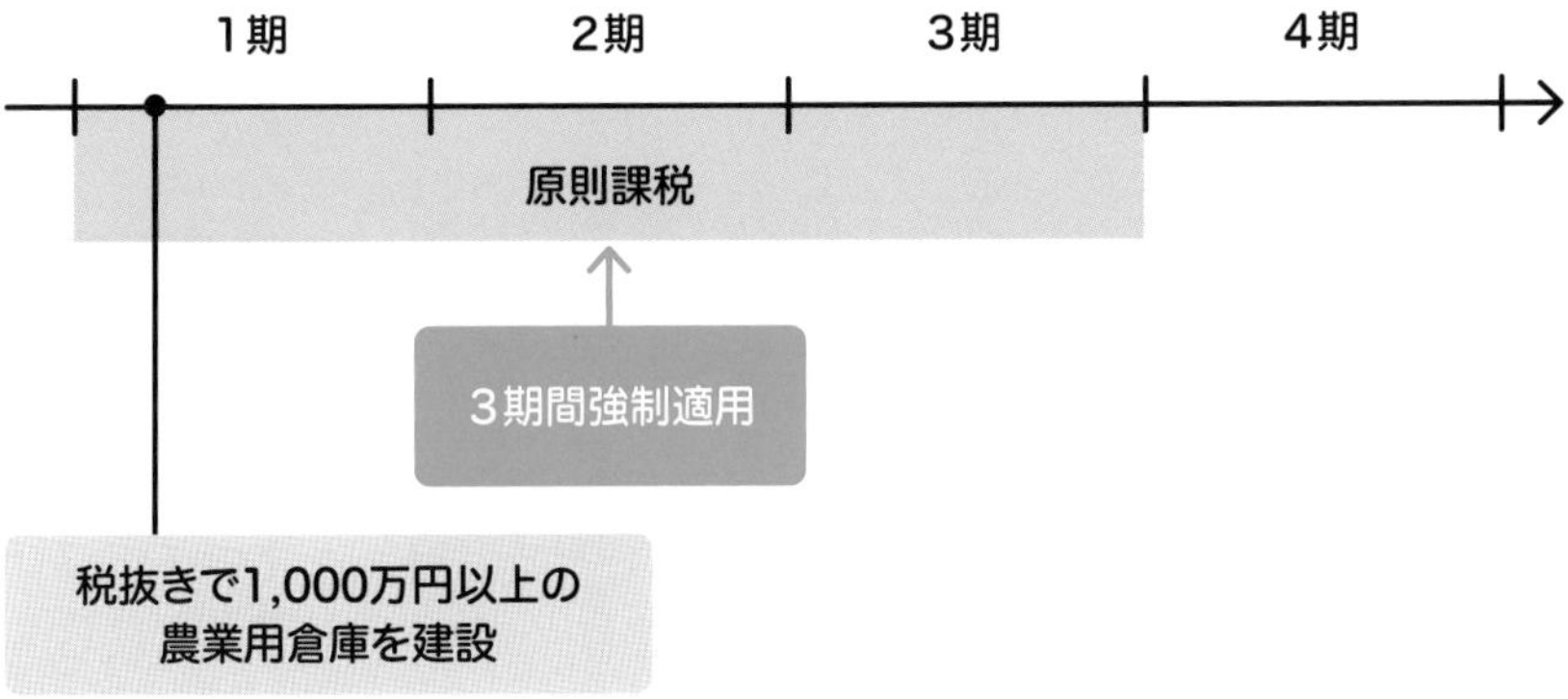

消

消費税

雇用契約ではなく、業務委託契約のほうが有利となる

個人事業主の農家でも農業法人でも、家族だけで農作業をするのではなく、従業員を雇ったり、外注者に依頼することもあるだろう。

例えば、収穫作業を行う従業員を雇った場合、その給料は源泉所得税や社会保険料を控除した残りの金額となる。給料には消費税が含まれないため、課税売上高に含まれる消費税からの控除はできない。

一方、収穫作業を外注先に委託したとする。この外注費からは、源泉所得税や社会保険料を控除する必要がないうえに、消費税が含まれるため、課税売上高に含まれる消費税から控除できる。しかし、外注先がインボイス制度の適格請求書発行事業者として登録していないと、消費税は控除できない。

ところが、外注先が適格請求書発行事業者に登録していなくても、インボイス制度の経過措置として、一定の金額を控除できることになっている。

令和5年10月1日から令和8年9月30日まで↓経費に含まれる消費税として、80%控除。
令和8年10月1日から令和11年9月30日まで↓経費に含まれる消費税として、50%控除。

これによれば、適格請求書発行事業者ではない外注先に10万円の外注費を令和5年10月1日から令和8年9月30日の間に支払った。すると、その外注費には9090円の消費税が含まれているとして、その80%である7272円を、課税売上高に含まれる消費税から自動的に控除できることになる。

とすれば、**適格請求書発行事業者ではない者に対して農作業を委託しても、従業員に給料として支払うよりも得になる。**ただし、何でも外注費として支払えるわけではない。そもそも雇用契約を締結している者に

対しての支払いを、外注費とすることはできない。

書面による契約がない場合、または業務委託契約を締結している場合であっても、実質的に給料なのか、外注費なのかを判断する必要がある。

この場合の判断基準には次の5つの要件が使われるが、実際に該当する項目が多いほど、外注費として判断できる。

①他の作業者が作業を代替できる
農作業を行う本人が作業できないときに、その本人が他の作業者を手配することができる。それから、その場合でも最初に依頼した本人に外注費を支払えばよいとされている。

②作業時間が拘束されない
作業時間が指定されておらず、作業内容によって報酬を支払う約束になっている。また、報酬についても、作業時間を単位として計算はしていない。

③指揮監督は本人が行う
作業の具体的な内容について指揮監督を受けておらず、作業の進め方などは本人の意思に委ねている。成果さえあれば、そのプロセスは問わないということだ。なお、業務の性質上、当然に存在する指揮監督は除かれる。

④作業者本人が瑕疵担保の責任を負う
完成品の引き渡しなどが報酬を支払う条件であり、瑕疵担保などの責任も作業者が負う。一方、引き渡していない完成品が不可抗力のため滅失してしまった場合でも、報酬が請求できる。

⑤材料や用具は、自分で用意する
材料や用具は作業者本人が負担して用意している。ただし、鍬や電動工具などの軽微な用具や材料まで用意する必要はない。

判断するときのポイントは、5つの要件をすべて満たしていなくともよい点だ。


例えば、コンバインは外注先に貸し出しているので、⑤は満たしていないが、それ以外の①から④までの要件はすべて満たしていれば、外注費として判断してもよいと考える。程度の問題ということだ。

とはいえ、外注費として支払っていたものを、税務調査で給料と判断されてしまうと、過去に遡って消費税を否認されてしまう。判断は慎重に行うべきだろう。

消費税

農事組合法人であれば、毎年、消費税が還付される

農業法人を設立するときは、農事組合法人、株式会社、持分会社の3つの法人組織から選択する。このなかで、消費税について最も有利なのは、農事組合法人となる。

集落営農を集落ぐるみの形のままで農事組合法人を設立すれば、基準期間の課税売上高は1000万円を超えるはずなので、課税事業者にはなる。消費税の納税額は、課税売上高に含まれる消費税から、支払った経費に含まれる消費税を控除して計算する。このとき、支払った消費税額のほうが大きければ、税務署から還付してもらえる。実際に、**農事組合法人の多くが、消費税を還付されている。**その理由は、2つある。

❶補助金には消費税がかからない

農事組合法人が受け取る補助金（給付金も同様）には消費税が含まれていない。これは、課税売上高としては合算されない。

❷従事分量配当は消費税を含む

農業法人が従業員に支払う給料には消費税が含まれないため、労働集約的な農業では、そもそも控除できる消費税が少なくなる。

ところが、農事組合法人が構成員に配分する従事分量配当に関しては、次の2つの要件を満たせば消費税が含まれているとみなしてくれる。

(1) 定款に基づいて行われるものである。
(2) 役務の提供の対価としての性格を有する。

大まかには、1ha当たり3万円の還付になると言われているため、30haあれば90万円の消費税が、毎年還付されることになる。

ここで、従事分量配当の金額は、どのように決定すればいいのかと聞かれることがある。実は、農事組合法人の利益のなかで、構成員が話し合って、自由に決めることができるのだ。とすれば、消費税を還付して

[消費税が還付されるしくみ]

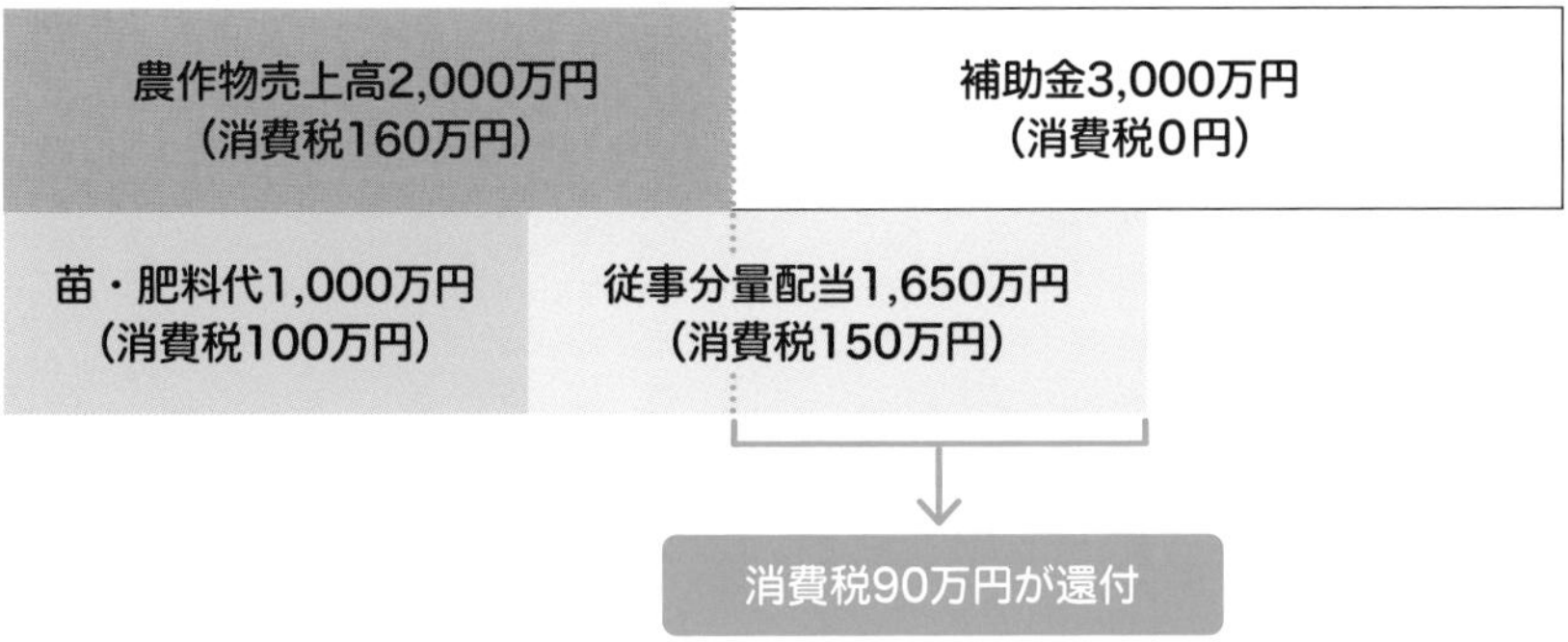

[消費税を控除できる事業年度]

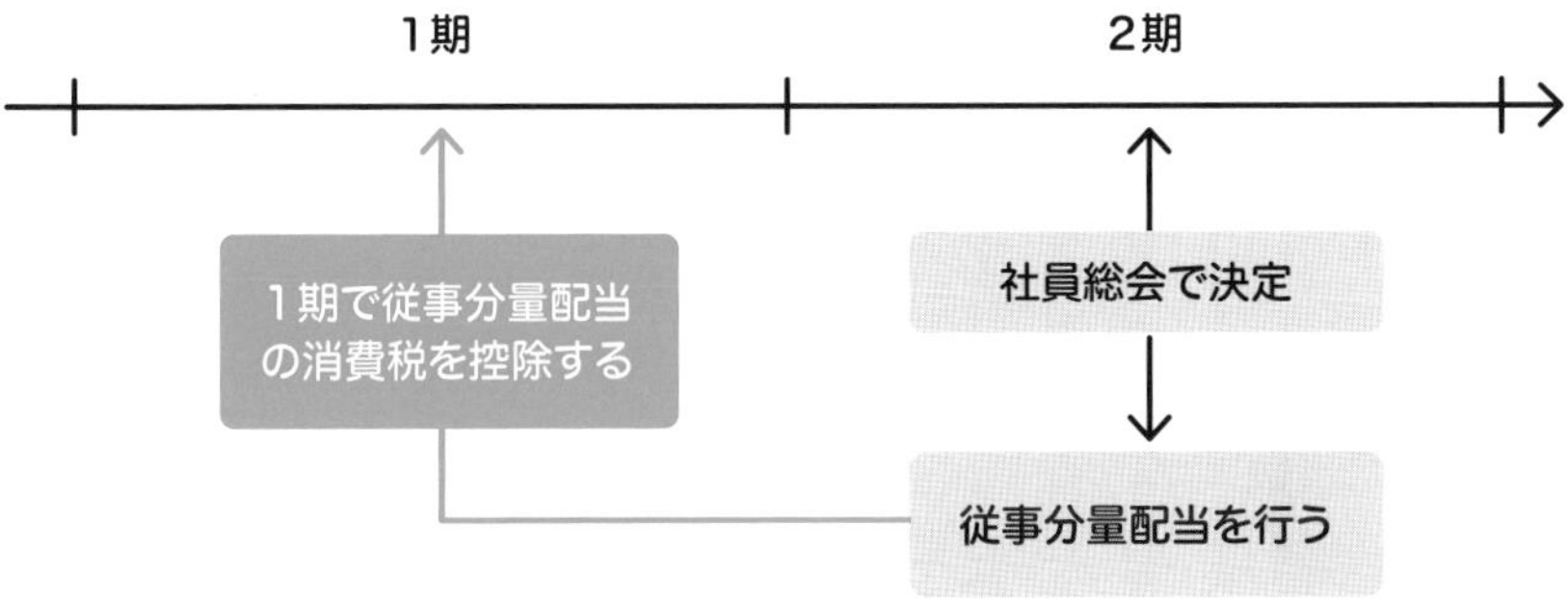

もらう金額も調整できることになる。

ただし、**従事分量配当は、役務の提供を受けた日に支払った経費とみなされる。**つまり、社員総会の決議によって配当を支払った事業年度ではなく、配当の計算の対象となった事業年度で控除するのだ。

なお、農事組合法人の基準期間の課税売上高が1000万円以下ならば免税事業者となり、適格請求書発行事業者として登録する必要もないことがある。このときでも、消費税を還付してもらえるならば、自ら課税事業者を選択するほうが有利だ。ただし、課税事業者を選択すると2年間は強制適用となる。つまり、選択した翌事業年度だけではなく、翌々事業年度まで課税事業者となっても有利なのかを事前にシミュレーションする必要がある。

消費税

個人も法人も、必ず税抜経理を選択しないと損をする

個人事業主の農家でも農業法人でも、会計ソフトにデータを入力して決算書を作成しているはずだ。

このとき、課税事業者であれば、税込経理と税抜経理を任意で選択することができる。なお、免税事業者は消費税という概念がそもそもないので、税込経理しか採用できない。

❶税込経理の特徴

税込経理では、売上高や経費だけではなく農業機械や農業用倉庫などの固定資産を購入したときにも、その価格に消費税額を含めた金額で計上する。例えば、1万円の農作物を販売したときに、消費税率が8％とすると消費税額は800円となり、合わせて「1万800円」を計上することになる。

(1)税込経理のメリットとは

税込経理は、税抜経理よりも会計処理が単純であり、仕訳などのデータ入力が理解しやすく簡単だ。

(2)税込経理のデメリットとは

売上高や経費を消費税込みで処理していき、最後に支払う消費税を租税公課という経費で計上することになる。そのため、期中の段階では消費税を差し引いた利益がわかりにくい。また、**交際費のように経費として認められる金額に上限がある場合には、消費税込みで判定されるため、不利となる。**つまり、交際費は年間800万円まで経費として認められるが、税込経理を選択している限り、実質的には728万円が上限となる。

❷税抜経理の特徴

税抜経理では、売上高や経費だけではなく、固定資産を購入したときにも、その価格とは別に消費税を計上する。例えば、1万円の農作物を販売したときには、売上高は1万円と計上する。同時に、800円の消費税は仮受消費税という勘定科目を使う。逆に、5000円の経費を支払ったときには、その10％の消費税

である500円は仮払消費税という勘定科目を使う。そして、仮受消費税と仮払消費税の差額を税務署に納めることになる。

(1)税抜経理のメリットとは

税抜経理では、固定資産を購入したときに、その取得価額が消費税の分だけ低くなる。売上高に消費税が含まれておらず、低い金額であるため、それに対応する減価償却費にも消費税が含まれない金額が計上されて整合性が取れている。

また、**1人当たり5000円以下の飲食費であれば会議費と認められる場合も、税抜きの金額で判定できるため有利となる。**さらに、売上高や経費には、消費税が含まれておらず、損益に消費税が関係しないため、期中でも正確な利益を把握することができる。

(2)税抜経理のデメリットとは

税抜経理は、税込経理とは異なり、会計処理が複雑で、仕訳の入力も煩雑になりがちで、理解しにくい面がある。

では、これらの税込経理と税抜経理のメリットとデメリットから、どちらを選択すべきなのだろうか？

実は、個人事業主の農家でも農業法人でも、税抜経理を選択してほしい。

確かに、交際費や会議費について、税抜経理のほうがメリットがあると解説したが、そこまで交際費を使うことはないと想定される。その点で、税抜経理が圧倒的に有利だとは言わない。それよりも、農業では農業機械や農業用倉庫などの固定資産を購入することが多いだろう。ここで税込経理を選択すると、取得価額が消費税込みとなり、高くなる。つまり、減価償却はこの金額からスタートするため、税込経理では経費を計上していくスピードが遅い。耐用年数を通じてみれば、税込経理と税抜経理の経費の総額は同じとなるが、早い段階で経費を計上できたほうが、資金繰りは楽になる。

特に、**農業用倉庫などは取得価額が高く、かつ耐用年数が長期間に亘るため、税込経理を選択すると大きく損をすることを認識してほしい。**

免税事業者のときには税込経理を行っていたので、課税事業者になってからもそのまま税込経理を継続しているケースも多い。しかし、前年度まで税込経理でも今年度から税抜経理に変更することは自由だ。変更するときに税務署への届出なども必要ない。今すぐに見直すべきだろう。

消費税

著者プロフィール
青木　寿幸（あおき　としゆき）
株式会社　日本中央研修会　代表取締役／日本中央税理士法人　代表社員
公認会計士・税理士
大学在学中に、公認会計士二次試験に合格。卒業後、アーサー・アンダーセン会計事務所、モルガン・スタンレー証券、本郷会計事務所を経て、平成14年1月に独立。株式会社日本中央研修会と日本中央税理士法人を設立し代表となり、幅広い業種の顧問先に対して助言を行っている。また現在は下記のサイトの管理・運営も行っており、本書の補足情報や最新情報なども確認できる。
農地所有適格法人を作る理由　http://www.agriserv.jp

カバー・本文デザイン　中澤明子
編集協力　高山玲子　大野由理

今《いま》より確実《かくじつ》に手取《てど》りを増《ふ》やす
図解《ずかい》でよくわかる農業《のうぎょう》と節税《せつぜい》のきほん

2023年8月10日　発　行　　NDC621

著　　者　青木寿幸《あおきとしゆき》
発 行 者　小川雄一
発 行 所　株式会社 誠文堂新光社
〒113-0033 東京都文京区本郷 3-3-11
電話 03-5800-5780
https://www.seibundo-shinkosha.net/
印 刷 所　株式会社 大熊整美堂
製 本 所　和光堂 株式会社

本書の内容に関するお問い合わせは、小社ホームページのお問い合わせフォームをご利用いただくか、上記までお電話ください。

ISBN978-4-416-52374-2